도시인들을 위한
비둘기 소개서

도시인들을 위한 비둘기 소개서

조혜민 지음

오랜 시간 인간과 함께 한 비둘기 이야기

집우주

여는 글

 여기, 개가 있습니다. 어느 품종이든 어떤 모습이든 좋으니 머릿속에서 개 한 마리를 떠올려 주세요. 다만 한 가지, 이 개의 목에는 동그란 인식표가 달려 있습니다. 인식표에는 당연히 개의 이름이나 보호자의 연락처 등의 정보가 적혀 있겠죠. 누군가의 소중한 반려견이라는 것을 알 수 있습니다.

 이 개를 높은 빌딩이 줄지어 들어선 도심 한복판에 놓아 보겠습니다. 개는 보호자 없이 건물 사이사이 도로와 골목길을 돌아다닙니다. 왜 개가 혼자 있는 건지 사람들은 깜짝 놀라겠지요. 걱정되는 마음에 발을 구르며 보호자를 찾으려 하는 사람도 있을 거고, 누군가는 '개가 돌아다닌다'며 신고도 할 겁니다. 개를 잡기 위해 한바탕 소동이 벌어질 수도 있겠네요.

 이번에는 개를 시골의 어느 작은 마을로 옮겨 보겠습니다. 개는 논두렁 위를 걷다가 또 신나게 뛰어다닙니다. 논일을 하러 나간 할머니와 할아버지를 찾아나선 걸까요, 동네 친구를 만나러 가는 걸까요? 어떤 상황인지는 알 수 없지만 사람들이 지나가다가 이 개를 본다면 그저 '이 마을에서 사는 개인가 보다'하고 대부분 지나칠 것입니다.

한 번 더, 배경을 바꿔 보겠습니다. 여기는 공항의 출입국 심사가 진행 중인 보안구역입니다. 제복을 입은 사람 서 있고, 그 옆에 개가 있습니다. 아마 이 개는 탐지견인 듯합니다. 제 추측이 틀리더라도 개에게 주어진 역할이나 명확한 이유가 있어서 이곳에 있는 거겠지요. 그렇게 생각하고 다시 보니, 개가 아주 특별해 보입니다. 왠지 아주 영리할 것 같고, 또 용맹할 것 같습니다. 인간을 위해 헌신하는 개라는 생각에 깊은 감동과 고마움을 느끼는 사람들이 있겠지요.

마지막으로, 불편한 분도 있겠지만 극단적인 상황, 어느 보신탕집의 철창 안에 개를 넣어 보겠습니다. 곧 닥칠 일을 아는 듯, 개는 좀처럼 움직이지도 못하고 짖지도 않습니다. 이 모습을 보고 '절대 용납할 수 없다'고 목소리를 높이며 개를 구조하려는 사람이 있을 것이고, 반면에 이 상황이 잘못되었다고 생각하지 않는 사람도 있을 겁니다. 이 개 또한 그저 고기가 될 운명이라고 하면서요.

미국 심리학자 해럴드 헤르조그Harold Herzog는 1988년 《쥐의 도덕적 지위The Moral Status of Mice》라는 글에서 실험용 쥐를 둘러싼 다양한 상황을 설명합니다. 우선 실험용 쥐는 '착한 쥐good mice'입니다. 인간의 지식을 위해 희생되는 숭고한 동물이기에 철저한 동물실험 윤리 기준에 따라 관리됩니다. 그런데 만약 이 쥐가 실험실 케이지에서 탈출해 건물을 돌아다닌다면 어떻게 될까요? 상황은 완전히 달라져, 착한 쥐는 이제 '나쁜 쥐bad mice'가 됩니다. 높았던 지위는 순식간에 바닥으로 떨어지고, 당장 잡아서 없애야 할 '것'이 되는 거죠. 아마 실험용 쥐로서는 자기를 보살피고 바라보던 인간들의 눈빛이 이렇게 달라질 거라는 걸 상상조차 해 보지 못했을 겁니다. 이제 이 나쁜 쥐를 잡기 위해 덫을 놓아도 되고, 약을 뿌려도 됩니다. 실험실에 있더라도 애초에 착한 쥐가 될 수 없는 경우도 있습니다. '다른 실험동물의 먹이로 길러지는 쥐feeders'가 그렇습니다. 곧 뱀의 먹이가 될 쥐에게는 동물실험 윤리 기준 같은 것을 적용할 이유가 없습니다. 그런 쥐에게 감정을 싣거나 그 생명에 높은 가치를 매기는 사람이 있을까요? 없지는 않겠지만, 아주 드물 것 같습니다.

앞선 개 이야기는 헤르조그가 쓴 글에 나오는 쥐를 개로 바꾸고, 장면을 만들어 이야기를 꾸며 본 것입니다. 여기서, 여러분에게 질문을 하나 드리겠습니다. 헤르조그의 글에 나오는 쥐들은 모두 같은 쥐로, 종도 동일하고 태생도 그리 다르지 않습니다. 그렇다면, 개 이야기에서 여러분이 떠올렸던 개는 어땠나요? 보호자 없이 도시에서 돌아다니는 개, 시골길을 뛰어다니는 개, 공항에서 본 훈련을 받은 개, 그리고 식당의 철창 속에 갇혀 있던 개는 다 다른 개였나요, 아니면 같은 개였나요?

인간은 상황과 목적에 따라 동물을 다르게 대합니다. '용도'에 따라 동물을 구분하고 농장동물, 반려동물, 사역동물, 실험동물, 오락동물 등의 '꼬리표'를 붙입니다. 이러한 분류는 우리의 사고와 인식에 영향을 미치고, 동물을 대하는 태도와 감정을 결정하게 합니다. 그리고 사회의 법과 규범의 틀을 만드는 기준이 되지요. 그러나 이러한 구분이 온전히 동물 그 자체의 특성을 따르지는 않습니다. 생물학적으로 거의 모든 것이 똑같은 동물일지라도 인간과의 관계나 인간 사회에서 놓인 지위의 높고 낮음에 따라 우리는 동물을 소중한 생명으로 대우하기도 하고, 하찮은 물건으로 취급하기도 합니다.

이제 본격적인 이야기를 시작하겠습니다. 이미 제목으로 다들 알고 계시겠지만 이 책은 개 이야기도, 쥐 이야기도 아닌 '비둘기'에 대한 이야기입니다. 오늘날 한국에서 '야생동물', 또 '유해야생동물'이라는 꼬리표가 붙은 비둘기는 사실 개나 고양이만큼 인간 가까이에서 지내는 동물입니다. 또 아주 오래전부터 전 세계 곳곳에서 인간과 함께 살아왔지요. 그 긴 세월의 먼지를 털어 비둘기 이야기 하나를 살짝 꺼내 보자면, 우리가 지금 '야생동물'로 분류한 비둘기는 사실 '야생동물'이 아닙니다. 물론 아주 오래 전에는 '야생동물'이었지만요. 수수께끼, 말장난을 하는 게 아닙니다. 정말이에요.

목차

여는 글 05

① 농장동물—맛있어서 먹히는 비둘기

1 비둘기 너, 우리의 동료가 돼라 | **고대의 가축화**   15

2 비둘기 목을 비틀어야 봄이 온다 | **중세의 사육 양식**   25

3 지금까지 이런 고기는 없었다 | **현대의 공장식 축산**   34

② 사역동물—똑똑해서 일하는 비둘기

1 비둘기는 돌아오는 거야 | **비둘기의 귀소 능력**   49

2 신속 정확하게 배달합니다 | **비둘기 통신**   55

3 적들에게 너의 비행을 들키지 마라 | **전쟁 전서구**   64

4 비둘기 눈은 백만불짜리 눈 | **비둘기의 시각 능력**   76

5 희생된 비둘기를 위해 | **인간의 전쟁과 동물**   89

③ 오락동물—재미있어서 날리는 비둘기

1 비둘기는 돌아오는 재주가 있다 | **비둘기 경주의 역사**   99

2 비둘기는 구르는 재주도 있다 | **다양한 비둘기 경기**   107

3 동물을 가지고 하는 주사위 놀음 | **비둘기 경주 윤리**   117

④ 반려동물—예뻐서 키우는 비둘기

1 우리집 비둘기 귀여워 | **반려조 비둘기**   127

2 비둘기, 비둘기, 비둘기, 다 같은 비둘기 | **다윈과 비둘기**   141

3 동물은 저마다의 방식으로 버려진다 | **비둘기 구조와 입양**   149

⑤ 야생동물—알아서 잘 사는 비둘기

1 닭둘기 이전의 비둘기 | **근현대 한국의 비둘기**   159

2 덮어놓고 낳다 보니 삼천리가 초만원 | **올림픽과 비둘기 번식**   170

3 비둘기처럼 안 다정한 사람들 | **개체수 증가로 인한 갈등**   182

4 중요한 건 비둘기 마음을 꺾는 마음 | **비둘기 퇴치 방법**   189

5 끝낼 때까지 끝나지 않는다 | **유해야생동물 제도의 변화**   200

닫는 글 213

참고자료 223

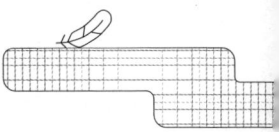

농장동물

맛있어서 먹히는 비둘기

1 비둘기 너, 우리의 동료가 돼라

　전 세계 곳곳에는 300종種이 넘는 비둘기가 있습니다. 우리가 보통 '비둘기'라고 부르는 새는 주로 도시에서 보는 회색 비둘기인데, 사실 이들을 가리키는 정확한 명칭은 '집비둘기'입니다. 비둘기를 '야생동물'이라고 하고서 이름에는 '집'이 있다니, 아무래도 영 이상하네요. 어쨌든 이 책에서는 편의상, 또 특별히 짚어야 할 경우가 아니라면 집비둘기를 우리가 지금까지 부르던 대로 '비둘기'로 쓰도록 하겠습니다.

　이름 앞에 '집'이 붙은 건 말 그대로 집에서 기르는 비둘기이기 때문입니다. 한마디로, 비둘기도 인간의 '가축'인 것이죠. 가축이라고 하면 소, 돼지, 닭처럼 인간이 먹기 위해 기르는 동물이 먼저 떠오르지만, 넓은 의미에서는 '인간의 갖가지 필요에 의해 길러지는 동물', '가축화 과정을 통해 길들여지고 개량된 모든 동물'을 포함합니다. 인간은 본격적으로 농경생활을 시작하면서 동물을 길들였고, 자신에게 유리하고 유용한 특성을 가진 개체를 골라 번식시켰습니다. 이 과정에서 야생에서 살았던 동물들은 유전적인 변화를 겪으며 이전과는 다른 동물이 되어갔죠. 그 결과가 오늘날 우리가 알고 있고, 또 보고 있는 가축들의 모습입니다. 그러니 원래부터 가축이었던 동물은 없습니다. 소의 조상은 오록스라는 들소이고, 돼지의 조상은 멧돼지, 닭은 들닭이라고도 불리는 적색야계를 직속 조상으로 두고 있습니다. 개도 회색 늑대에서 온 것으로 알려져 있죠.

비둘기의 조상은 '바위비둘기'입니다. 바위비둘기는 서유럽과 남유럽, 북아프리카 일부 지역에서 서식하는 비둘기 종입니다. 바위비둘기에 처음 사람의 손길이 닿은 건 가깝게는 5천 년 전, 멀게는 1만 년 전까지로 봅니다. 기원이 명확하지는 않지만 닭보다도 앞서, 가장 먼저 가축화된 새라는 데에 학계의 큰 이견은 없는 듯합니다.

가축화는 '인간'과 '인간이 아닌 동물'간의 새로운 관계가 시작된 기점이라 할 수 있습니다. 이전까지는 인간도 여느 동물과 특별히 구별되지 않은 채 자연 생태계를 구성하는 하나의 일원으로 여겨졌습니다. 모든 동물이 먹이 사슬의 포식자이자 피식자로서 경쟁하고 때론 협력하며 살았죠. 하지만 인간이 동물을 길들이고 통제하기 시작한 때부터 이 관계가 달라지기 시작합니다.

이를 단순히 인간의 일방적인 필요에 의한 관계로만 설명할 수는 없습니다. 이 과정은 동물들도 인간에게 이익을 얻을 수 있는, 인간과 동물 모두에게 유익한 접점이 있기 때문입니다. 예를 들어, 개는 인간이 먹고 남긴 음식을 얻기 위해 먼저 다가온 늑대로부터 가축화가 시작되었다는 가설이 있습니다. 늑대는 먹을 것을 쉽게 얻었고, 또 안정적인 휴식처도 구했겠지요. 인간의 정착지 주변으로 모여든 늑대 중에 덜 공격적이고 인간에게 친화적인 늑대들이 살아남으면서 자연스럽게 길들여졌을 것입니다. 인간이 수렵과 채집을 할 때부터 늑대와 사냥을 함께 했다는 가설도 있습니다. 늑대 무리의 공격력, 조직력과 인간의 지능이 합쳐지면 효율이 크게 높아지기 때문에, 둘은 사냥을 함께하며 긴밀한 관계를 맺었고 그렇게 늑대가 인간의 동반자로 길들여졌다고 설명합니다.

비둘기의 조상인 바위비둘기와 인간의 관계는 어땠을까요? 아주 먼 옛날의 장면을 상상해 보겠습니다. 바위비둘기들은 인간의 주거지 주변에 떨어져 있는 곡식 낟알을 먹기 위해 인간 곁으로 다가옵니다. 인간의 정착생활이 본격화하며 농경지가 점점 넓어지고 곡식도 늘어나며 바위비둘기와 인간이 접촉하는 기회는 더욱 빈번해졌죠. 그렇게 서로에게 익숙해지던 어느 날, 인간은 자신을 경계하지 않는 바위비둘기 한 마리를 잡습니다. 호기심에 바위비둘기를 먹어보니, 꽤 맛있었겠지요. 이제 고기를 더 쉽게 얻고 싶은 인간은 꾀를 냅니다. 새끼를 잡아와 직접 길러보다가, 아예 처음부터 사람의 손으로 번식을 시키기도 합니다. 또 먹는 것 외에 이 새를 유용하게 이용할 수 있는 방법도 궁리합니다. 이 과정은 오랜 시간 여러 세대를 거쳐 아주 점진적이고 복합적으로 이루어졌습니다. 수차례의 변이를 거쳐 지금과 같은 비둘기가 새로운 개체군으로 구분될 만큼 말입니다.

다른 가축에 비하면 그 수가 적지만, 먼 옛날 인간이

살았던 삶터에는 당시 비둘기와 함께 했던 흔적이 남아 있습니다. 메소포타미아의 기록에 사람들이 비둘기를 길렀다는 내용이 있고, 수메르 시대의 쐐기문자에는 비둘기를 가리키는 단어가 있습니다. 비둘기를 사고팔았던 내용이나 기르는 방법, 또 비둘기장에 대한 기록도 남아 있죠. 옛날에는 주로 비둘기를 풀어놓고 기르는 방목 형태로 사육을 했습니다. 다른 동물과 차이가 있다면, 비둘기는 집으로 돌아오게 하기 위해 애써 불러 모으지 않아도 되었습니다. 비둘기들이 낮에는 자유롭게 먹이를 찾아 돌아다니다가 저녁이면 알아서 비둘기장으로 돌아왔기 때문입니다. 비둘기장을 '집'으로 인식하게 조금만 훈련시키면 쉽게 비둘기를 다룰 수 있었습니다.

비둘기장에는 특별한 장치도 필요하지 않았습니다. 흙벽을 쌓고 중간중간에 폭 20cm 정도의 구멍을 뚫어 공간을 마련하는 것으로 충분했죠. 바위비둘기는 그 이름에서 짐작이 되듯 바위나 절벽 틈새에 둥지를 짓는 습성이 있기 때문에 형태만 유사하면 인공 구조물에도 쉽게 적응했습니다. 또 한 번에 한 개, 많아야 두 개의 알만 낳기 때문에 공간이 넓지 않아도 됐고, 암수 두 마리가 짝을 지어 몸을 숨길 정도만 되면 거처로 자리를 잡았습니다.

고대인들은 바위비둘기의 이러한 습성을 이용해 동굴이나 산비탈 암석을 비둘기장으로 사용하기도 했습니다. 한쪽 벽면에 수십, 수백 개의 둥지 자리를 줄줄이 파 놓으면 따로 구조물을 만들지 않아도 많은 수의 비둘기를 키울 수 있었지요. 대표적인 유적지는 과거 메소포타미아와 이집트를 잇는 교역로였던 이스라엘의 마레샤Maresha와 베이트구브린Bet-Guvrin 지역입니다. 여기에는 기원전 8세기경부터 사용된 대규모 지하 동굴이 남아 있는데, 이곳에서 비둘기장 80여 곳이 발견되었습니다. 각 장소마다 수백 개의 둥지 자리가 있어서, 모두 합치면 5만 개를 훌쩍 넘습니다. 둥지 하나에 암수 두 마리가 짝을 지어 살았으니 대략 10만 마리가 넘는 비둘기가 있었다는 셈이 됩니다.

기원전 3세기경 곡창지대로 도시를 이룬 이집트 카라니스Karanis 유적지에는 독특한 아이디어가 숨어 있습니다. 바로 비둘기장에 항아리를 사용한 것입니다. 카라니스에는 5개의 비둘기장이 꽤 온전한 형태로 남아 있는데 항아리를 옆으로 눕혀 벽돌 사이사이에 끼워 쌓은 흔적이 있습니다. 이 항아리는 비둘기 둥지로 사용되었을 것으로 추정됩니다. 입구가 15cm 정도로 좁고 아랫부분이 불룩해서, 비둘기가 항아리 안에 들어가면 외부에 노출되지도 않고 그 안에 알을 낳기에도 알맞아 보입니다. 비둘기를 위해 새 항아리를 만들었을 것 같지는 않고, 금이 가거나 깨져서 사용할 수 없는 것들을 비둘기장에 쓰지 않았을까 추측해 봅니다.

마레샤-베이트구브린 지하 동굴의 비둘기장의 모습. 동굴 벽에 세모 모양으로 비둘기 둥지 자리를 줄지어 파놓았다. 둥지 자리가 반듯하고 간격도 일정해서 마치 '비둘기 아파트'라고 해도 될 듯하다.

카라니스의 비둘기장도 그 규모가 상당합니다. 가장 큰 것으로 추정되는 구조물은 바닥 한 변이 10m, 벽 두께는 1.5m에 달합니다. 전문가들은 이 구조물에만 1,500여 개의 둥지 자리가 있었을 것으로 추정합니다. 이러한 구조물이 못해도 5개는 모여 있었으니, 상업 목적으로 비둘기를 사육했던 시설이었다는 해석이 확실해 보입니다.

고대인들은 왜 이렇게 많은 비둘기를 길렀을까요? 여러 쓰임이 있었겠지만 가장 큰 목적은 식용이었습니다. 당시 사람들에게 비둘기는 아주 효율적인 식량이었습니다. 대규모로 기르기 쉽고, 사납지 않아 잡는 것도 편하고, 영양소도 풍부했으니까요. 비둘기 고기는 지방이 적고 단백질과 비타민, 미네랄이 많이 함유되어 있다고 합니다.

그런데 여기, 비둘기 쓰임에 대한 독특한 기록이 하나 눈에 띕니다.

"눈을 뜰 수 없을 경우, 생 소의 뇌를 동량의 참기름, 수컷 비둘기 뇌와 함께 섞는다. 3일 이상 정기적으로 눈에 바른다."

아시리아의 수도 니네베Nineveh 유적에 남아있는 쐐기 문자 기록입니다. 눈병 치료제의 재료 중 하나로 비둘기가 언급되어 있는데요. 정확히 어느 종의 비둘기를 가리키는 지는 확실하지 않지만, 가축으로 기르던 바위비둘기로 보는 것이 중론입니다. 여기에 써 있는 비둘기의 뇌를 피나 배설물이라고 보는 해석도 있는데, 이는 후대의 기록에서 그 근거를 찾습니다.

"간혹 외부 충격으로 눈에 피가 차는 경우가 있다. 그 경우에는 비둘기, 제비의 피를 안구에 바르는 것 만큼 더 좋은 방법이 없다. 왜냐하면 새들은 눈에 부상을 입어도 일정 시간이 지나면 원래 시력으로 회복하기 때문이다."

고대 로마 시대 코르넬리우스 켈수스Cornelius Celsus가 당시의 의학 지식을 정리한 《의학에 관하여On Medicine》의 한 부분입니다. 새의 피가 눈 부상에 효과적이라고 하며 비둘기를 예로 들고 있지요. 이 책에는 이외에도 간 질환 치료에 신선한 비둘기 생간이 좋고, 항문 질환에는 비둘기 알을 삶아 이용하라는 내용이 수록되어 있습니다.

의사 히포크라테스Hippocrates가 탈모 치료제로 비둘기 배설물을 사용했다는 이야기도 있습니다. 그는 머리카락이 빠질 때 무, 서양식 대파인 릭leek, 비트, 쐐기풀을 갈아 향신료 쿠민Cumin과 비둘기 배설물을 섞어서 바르기를 권장했다고 하죠. 하지만 히포크라테스의 흉상을 보면, 안타깝게도 실제로 효과를 보지는 못했던 것 같네요.

2. 비둘기 목을 비틀어야 봄이 온다

비둘기가 유용한 자원이 되면서 사람들은 비둘기를 보다 효율적으로 기르기 위한 방법을 고안하기 시작했습니다. 비둘기장은 별도의 건물 형태로 점차 정교해지면서 다양한 기술과 지혜가 접목된 하나의 양식으로 굳어졌고, 먹이고 살찌우는 사육 방법도 구체화되었습니다. 고대 로마의 학자 마르쿠스 바로Marcus Varro는 기원전 30년 무렵 완성한 실용서 《농업론On Agriculture》에서 비둘기장의 구조와 사육 방법을 아래와 같이 설명합니다.

"비둘기장은 둥근 지붕이 있는 큰 건물로, 포에니 스타일Punic style, 초기 철기 시대 페니키아 양식을 칭하는 것으로 추정의 좁은 문이나 창문, 아니면 넓은 이중 격자무늬 창이 있어서 내부는 밝고 뱀 같은 위협적인 동물은 들어갈 수 없다. 내부 전체 벽면과 외부의 창문 주변은 대리석 가루로 만든 아주 매끄러운 반죽을 칠해 쥐나 도마뱀이 비둘기 둥지까지 기어오를 수 없게 한다. 비둘기만큼 겁이 많은 동물은 없기 때문이다. 비둘기 둥지는 둘씩 짝을 지어 일렬로 늘어서 있고, 바닥에서 둥근 지붕까지 가능한 많이 층층이 이어진다. 각 둥지는 비둘기가 나오고 들어갈 정도의 크기로 뚫려 있으면 되고, 내부는 사방이 세 뼘 정도 되는 크기여야 한다."

"외부 파이프를 통해 벽에 둘러진 먹이통에 비둘기 먹이를 채워 넣는다. 비둘기가 가장 좋아하는 것은 수수, 밀, 보리, 완두콩, 강낭콩, 벳지Vetch다."

"적당한 나이의 비둘기가 비둘기장에 자리잡도록 해야 한다. 너무 새끼여도 안 되고, 너무 늙은 비둘기여도 안 된다. 수컷과 암컷의 수는 같아야 한다."

기원전 1세기경 만들어진 팔레스트리나(Palestrina) 모자이크에 남아있는 비둘기장의 모습. '나일 모자이크'로도 불리는 이 유적에는 나일강 풍경을 따라 당대 사람들과 동물들의 모습이 정교하게 담겨 있다. 오른쪽 아래 부분에 그려진 비둘기장은 위로 갈수록 좁아지는 둥근 탑 모양에 구멍이 층층이 뚫려 있고, 주변을 날고 있는 비둘기도 같이 표현되어 있다.

"새끼 비둘기를 살찌워 판매 가격을 높이려면 솜털이 나자마자 분리시킨 다음, 겨울에는 하루 두 번 - 점심 생략, 여름에는 아침, 점심, 저녁 하루 세 번, 씹은 빵을 먹이로 줘서 배를 불린다."

이러한 비둘기장의 형태와 사육 방법은 현재의 프랑스와 영국 지역으로 퍼져 나갔습니다. 그렇게 각 지역에서 저마다의 전통을 이어오다가 중세 후기에 이르러 비둘기 사육은 전성기를 맞이합니다.

건축 기술의 발달과 함께 비둘기장의 규모도 점점 커졌습니다. 둥지 자리가 외부에 노출되지 않도록 형태에도 변화가 생겨서, 외부에서 보면 마치 벽을 쌓아 올린 요새의 한 부분이나 거대한 탑처럼 보였죠. 하지만 비둘기를 가두어 기르지 않는 것은 과거와 동일했고, 비둘기들은 여전히 출입구를 통해 자유롭게 안팎을 드나들었습니다. 출입구는 딱 비둘기 한 마리가 통과할 수 있는 크기로 만들어서 몸집이 큰 맹금류는 들어올 수 없게 했고, 비둘기가 잠을 자는 밤에는 비둘기장의 문을 닫아 뱀 같은 다른 동물들의 침입을 막았습니다.

비둘기장 안쪽 벽면에는 바닥부터 천장까지 둥지 자리를 빽빽하게 만들었습니다. 많게는 수천 마리의 비둘기가 살 수 있을 정도였죠. 오늘날 닭을 밀집 사육할 때 사용하는 배터리 케이지battery cage가 연상되기도 합니다. 비둘기를 집약적으로 기르면 효율은 좋았겠지만, 모든 일을 사람이 해야 했던 당시에 그 많은 비둘기를 하나하나 관리하는 게 어려웠겠죠. 특히 큰 비둘기장은 4~5층 높이에 달했으니, 그 높은 곳에 손이 닿기가 쉽지 않았을 겁니다. 이를 해결하기 위해 고안된 것이 바로 회전 사다리인데요. 컴퍼스처럼 중앙 기둥을 중심축으로 하고 끝에 사다리를 달아 벽면을 따라서 빙글빙글 돌려, 모든 둥지 자리에 빠짐없이 손이 닿도록 했습니다.

중세의 비둘기장 외부와 내부 구조. 회전 사다리를 놓기에는 바닥 모양이 원형인 것이 가장 효율적이었고, 팔각형, 사각형, 십자형 등 여러 형태로 지어졌다. 재료도 다양했는데 현재 남아 있는 비둘기장은 주로 유약을 바른 타일이나 석회암, 화강암으로 만들어진 것들이다.

비둘기장은 아무나 쉽게 가질 수 없는 재산이었습니다. 우선 비둘기장을 지으려면 땅이 충분해야 했으니까요. 또 당시 비둘기 고기는 고급 식재료였고, 특히 먹을 것이 부족한 겨울철에는 아주 중요한 식량 자원이었습니다. 비둘기장을 소유하고 있고 고기와 알을 공급할 수 있는 그 자체가 곧 부와 지위를 드러내는 상징이었습니다.

음식으로서의 가치보다 어쩌면 더 중요했던 것은 배설물이었습니다. 비둘기 배설물에는 작물 생산량을 늘리는 데에 핵심적인 역할을 하는 질소, 인산 성분이 많이 포함되어 있습니다. 농사에 꼭 필요한 거름이었기 때문에 당연히 그 유용성과 가치가 매우 높았지요. 비둘기장은 정기적으로 안에 쌓인 배설물을 치워야 했는데, 비둘기장 소유자는 배설물을 모아 자기 땅에 뿌리거나 판매를 해서 추가 수익을 올릴 수 있었습니다.

이처럼 비둘기장은 땅을 갖고 있는 영주들의 특권이었고, 비둘기 사육 규모가 늘어난 데에는 이들의 경쟁도 한몫을 했습니다. 그래서 일부 지역에서는 신분이나 소유하고 있는 토지의 면적에 따라 비둘기장의 크기, 둥지의 개수를 제한하기도 했고 법률로 규정하기도 했죠. 거의 모든 지역에서 평민들은 재산이 있어도 비둘기장을 지을 수 없었습니다.

더욱이 비둘기로 인한 피해는 고스란히 주변 농민들이 입고 있었습니다. 아침이 되어 해가 뜨고, 집을 나선 비둘기들이 먹이를 찾아 향한 곳은 주변 농지였습니다. 수천, 수만 마리 비둘기들이 밭으로 몰려와 심어 놓은 씨앗과 여문 곡식, 온갖 작물을 가리지 않고 먹어 치웠지요. 농민들은 그 광경을 그저 무력하게 바라볼 수밖에 없었습니다. 비둘기는 귀족의 재산이었기에 내쫓으려고 함부로 위협할 수도 없었죠. 이런 피해에 대한 보상은커녕 귀족들이 밭에 남겨진 비둘기 배설물까지 싹 수거해 갔다고 하니, 농민들은 분통이 터질 수밖에요. 결국 이런 부당한 상황이 계급 간 갈등의 불쏘시개가 되고 맙니다.

> "우리 교구 주변 지역에는 최소 22개의 비둘기장이 있고, 각 비둘기장에는 최소 2,000마리의 비둘기가 길러지고 있습니다. 파종과 수확 기간에 비둘기들이 먹는 곡물은 우리 인구의 4분의 1이 충분히 먹을 수 있는 양입니다."

1788년 프랑스, 루이 16세는 국가의 재정위기를 논의하기 위해 성직자, 귀족, 평민의 대표가 모이는 신분제 의회인 '삼부회'를 소집하겠다고 발표합니다. 그리고 사전에 각 계층에게 고충과 요구 사항을 담은 진정서를 작성하도록 했죠. 이에 전국에서 6만 건 이상의 의견이 모였고, 여기에는 귀족들이 기르는 비둘기로 인해 농작물 피해를 입고 있다는 농민들의 불만도 들어 있었습니다. 그렇잖아도 과중한 세금과 불평등한 대우로 생계를 유지하기 어려운 농민들은 귀족들의 비둘기 때문에 더 큰 고통을 겪고 있다고 하소연했습니다. 비둘기 사육을 독점할 수 있는 특권층의 권리를 철폐하라고 목소리를 높였고, 파종과 수확을 하는 특정 시기만이라도 비둘기가 농지로 날아오지 못하도록 가두어 기르라고 제안하기도 했습니다.

이듬해 5월에 열린 삼부회는 표결 방식에 대한 신분간 갈등으로 파행을 면치 못했습니다. 평민들은 곧 별도의 '국민의회'를 결성했고, 얼마 지나지 않아 '프랑스 혁명'이 일어납니다. 잘 아시다시피 시민세력이 왕조를 무너뜨린 '민주주의의 시초'로 평가받는 사건입니다. 혁명에 성공한 국민의회는 8월 4일 베르사유에서 새 법령을 선포합니다.

제1조는 프랑스뿐 아니라 인류 역사를 통틀어 시대의 전환점이 된 '봉건제 폐지'를 선언하고 있지요. 그리고 놀랍게도, 그 다음 제2조는 농민들이 그렇게나 미워했던 비둘기에 관한 내용입니다.

"비둘기장에 대한 독점적인 권리를 폐지한다. 비둘기는 특정 시기에 가둬져 있어야 하고, 그 기간동안 비둘기는 사냥감으로 간주되어 누구나 자신의 땅에서 비둘기를 죽일 수 있는 권리를 갖는다."

3 지금까지 이런 고기는 없었다

 귀중한 식량이자 권력의 상징이었던 비둘기의 전성기는 이렇게 저물었습니다. 비둘기장의 인기는 떨어졌고, 동시에 다른 가축들의 사육 방법이 개선되었죠. 또 먹을 것이 없던 겨울을 버티게 해 줄 뿌리채소가 도입되며 비둘기를 많이 길러야 할 이유가 없어졌습니다. 시간이 더 흐른 산업혁명 이후로는 동물의 행동을 통제하고 밀집시켜 사육하는 공장식 축산 방식이 확산되었고, 그러는 동안 비둘기는 농장동물의 자리에서 완전히 밀려나고 맙니다. 그리고 가금류의 대표 자리를 닭이 차지하게 되지요.

 문득 이런 상상을 해 봅니다. 만약 비둘기의 인기가 지금까지 계속 이어졌다면 어땠을까요? 그랬다면 우리가 마트의 식품 코너에서 닭고기와 달걀 대신 비둘기 고기와 그 알을 고르고 있지는 않을까요?

하지만 상상해 본 장면처럼 오늘날 비둘기와 닭, 두 동물의 운명이 뒤바뀌기는 어려웠을 겁니다. 아무래도 현재의 공장식 사육 방식에는 닭이 훨씬 적합하기 때문입니다. 닭은 조상 종부터 짧은 거리를 나는 새였고 개량 과정에서 그나마 있던 비행 능력도 퇴화되었지만 비둘기는 그렇지 않습니다. 당연히, 날 수 있는 새가 날지 않는 새보다 가두어 기르는 것이 더 어렵습니다. 또 병아리는 부화되자마자 스스로 돌아다니고 먹이를 먹을 수 있을 만큼 알 속에서 충분히 성장하지만 비둘기는 눈도 못 뜬 벌거숭이 상태로 태어납니다. 새끼 비둘기는 반드시 피죤 밀크pigeon milk를 먹으며 부모의 돌봄을 받는 기간이 필요합니다.

크롭 밀크crop milk라고도 불리는 피죤 밀크는 이름 그대로 비둘기의 '젖'으로도 표현됩니다. 색깔과 질감, 실제 성분도 포유류의 젖과 매우 유사하다고 하나 진짜 젖은 아닙니다. 포유류와 달리 이빨이 없는 조류는 먹이를 잘 소화시키기 위해 모이주머니라는 소화 기관을 갖고 있는데, 모이주머니는 식도에서 위로 이어지기 전 목덜미 부근에 있어서 먹이를 임시로 저장하는 기능을 합니다. 비둘기가 알을 품는 동안 호르몬에 의해 모이주머니 안쪽 벽이 두꺼워졌다가 떨어져 나가며 특이한 물질이 생성되는데 이것이 바로 피죤 밀크입니다. 피죤 밀크는 알을 품기 시작한 지 일주일 정도 지나면 분비되기 시작합니다. 부모 비둘기가 번갈아가며 알을 품기 때문일까요, 피죤 밀크는 암컷과 수컷 모두에게서 만들어집니다.

모이주머니의 위치. 한자어로 소낭(嗉囊)이라고 하고, 이에 피죤 밀크를 소낭유(嗉囊乳)라고도 부른다. 부모 비둘기는 피죤 밀크를 토해내고 새끼는 부모 비둘기의 입 안으로 머리를 넣어 피죤 밀크를 먹는다.

이렇게 비둘기는 반드시 부모가 새끼를 돌봐야 하는 시간과 과정이 필요하기 때문에 고기를 빠르게, 쉽게, 많이 생산해야 하는 육류 산업의 입장에서 비둘기는 고기로 만들기에 효율이 매우 낮은 동물입니다.

그렇다고 해서 비둘기를 공장식 축산 방식으로 사육하는 것이 아예 불가능하지는 않습니다. 현재 비둘기 사육을 상당한 수준으로 자동화한 나라는 중국입니다. 중국에서는 1980년대 이후 비둘기 사육이 신흥 산업으로 주목받기 시작하면서 현대식 밀집 사육 방식을 도입했고, 최근 몇 년간 많은 자본이 투입되어 일부 농장은 대규모 사업체로 성장하고 있습니다. 규모가 큰 농장에서 한 해 도축되는 비둘기는 수백만 마리에 이른다고 합니다.

이러한 성장에는 국가의 정책적 지원이 있습니다. 중국은 국가농업 표준화 프로젝트의 일환으로 비둘기 사육 시범지구사업을 추진하는 중인데요. 비둘기 사육에 대한 표준 체계를 구축하고 핵심 기술을 고도화해서 대규모 산업으로 발전시키려는 것을 목표로 합니다. 여기에는 사료, 도축, 식품 가공 등 모든 산업 체인이 포함되는 것은 물론 차별화된 고기용 비둘기 신품종 개량부터 사료 급여와 분변 처리에 대한 독자적인 자동화시스템 개발까지, 프로젝트는 동시다발적이고 광범위하게 진행되고 있습니다.

이렇게 대량으로 생산해야 할 만큼 비둘기 고기에 대한 수요와 인기가 날로 높아지고 있는 걸까요? 사실, 그렇지는 않습니다. 중국에서도 손꼽히는 광둥요리에 통으로 튀겨낸 비둘기 요리가 유명하긴 하지만, 사람들이 전보다 더 많이 찾는 것은 아닙니다. 비둘기는 가금류 전체 생산량의 1% 안팎에 불과하고 여전히 닭과 오리가 시장의 대부분을 차지하고 있지요. 중국에서 비둘기 고기 산업을 육성하는 것은 실제 수요보다는 식습관과 제도 변화와 관련이 있다고 봐야 합니다.

중국인들은 전통적으로 살아있는 가금류를 집이나 시장에서 바로 도축해 요리하는 것을 선호합니다. 이렇게 해야 더 신선하고 맛있다고 여기기 때문입니다. 하지만 이 과정에서 인수공통감염병의 감염 가능성이 높아집니다. 그래서 조류인플루엔자 확산 조짐이 보일 때마다 살아있는 가금류 거래를 몇 달씩 금지하곤 합니다. 코로나19 바이러스가 유행했을 때도 그 근원지로 야생동물 거래 시장이 지목받으면서 살아있는 동물을 거래할 수 없게 했죠.

전통이라는 이름으로 기존 방식을 고수하려는 사람들과 이를 생업으로 삼는 이들의 반발이 크지만, 중국 정부는 일정 조건을 갖춘 장소와 대량 도축을 장려하며 동물 시장을 단계적으로 폐쇄하려는 기조를 이어가고 있습니다. 여기에 젊은층과 도시 사람들을 중심으로 손질된 고기로 간편하게 요리하려는 경향이 점점 커지고 있고요. 정리하자면, 중국은 비둘기 고기를 현대식 축산 시스템으로 편입시키려는 시도를 하고 있는 겁니다.

공장식 축산 농장에서 비둘기를 사육하는 방식은 다른 가금류와 크게 다르지는 않지만, 비둘기만의 특징이 있어 특별히 신경써야 할 것들도 있습니다. 우선, 비둘기는 암컷과 수컷으로 나뉘어 축사에 가둬집니다. 축사 내 일반적인 밀도는 제곱미터당 10마리 내외라고 하는데, 겉으로 보기에는 사육장 바닥이 거의 안 보일 정도로 비둘기들이 빽빽합니다. 평사 형태의 닭 사육장과 비슷하다고 보면 됩니다. 곳곳에 비둘기들이 앉을 수 있는 횃대와 선반 같은 것이 놓여 있어 이따금씩 퍼덕이며 올라갑니다. 약 6개월 정도 자라 번식이 가능할 때까지, 비둘기들은 백신 접종과 구충 등을 거치며 이곳에서 삽니다.

이 중에서 알을 낳을 비둘기가 선택됩니다. 몸집이 크고 건강하며 품종 기준에 맞는 외형의 암컷과 수컷을 한 마리씩 짝을 지어 작은 케이지로 옮기는데요. 여기에 적합하지 않은 비둘기들은 이 단계에서 죽임을 당합니다.

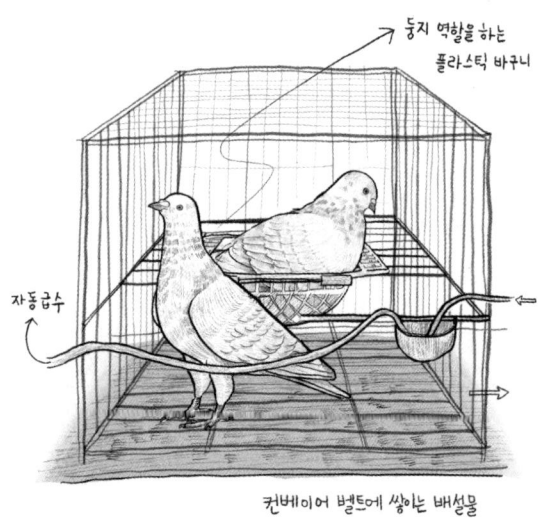

중국 비둘기 농장의 케이지. 가운데에 둥지로 쓰이는 플라스틱 바구니가 걸려 있다. 배설물은 철창 아래로 떨어져 쌓이고, 컨베이어 벨트로 옮겨져 한쪽에 모여 처리된다. 자동 급수기, 급여기를 갖춘 곳도 있다. 이러한 케이지를 3~4단으로 쌓아, 축사 안에 빽빽하게 채워 놓았다.

이렇게 합사된 비둘기는 적응 기간을 보냅니다. 만약 둘이 싸우거나 보름 이상 짝짓기를 하지 않으면 다시 분리하고 다른 짝을 찾는 과정을 반복합니다. 짝짓기에 성공하면 암컷 비둘기는 일주일 정도 후 대개 2개의 알을 순차적으로 낳습니다. 알은 바로 수거해서 분류합니다. 제대로 수정이 되어 부화에 적합한 알은 인공부화기로 옮겨지고, 무정란은 식용으로 판매합니다. 여기에서 가장 중요한 게 있는데, 알을 수거할 때 반드시 '가짜 알'을 둥지에 넣어 줘야 한다는 것입니다. 부모 비둘기가 알을 품어야만 피죤 밀크가 생성되기 때문이죠.

부화기에 들어간 알은 18일 만에 부화하고, 다시 부모 비둘기에게 돌아갑니다. 물론 진짜 부모를 찾아주는 정성을 들이지는 않고, 숫자만 맞춰서 무작위로 케이지 안에 넣습니다. 내내 가짜 알을 품고 있던 부모들은 바꿔치기된 새끼들이 알을 깨고 나온 자기 새끼인 줄 알고 피죤 밀크를 먹이며 보살피기 시작합니다. (부모 한 쌍에 많게는 네 마리까지 새끼를 기르게 할 수 있다고 합니다.) 새끼 비둘기는 열흘에서 보름 정도 지나면 서서히 눈을 뜨고 깃털이 듬성듬성 나기 시작하면서 스스로 먹이를 먹을 수 있게 됩니다.

그러면 바로 부모 비둘기와 분리되고, 부모 비둘기는 다시 번식을 준비합니다. 짝짓기와 산란, 부화, 피죤 밀크를 먹이는 기간을 따져보면 암컷 비둘기는 대략 40일에서 45일마다 알을 낳는 셈입니다.

이렇게 태어난 새끼 비둘기는 늦어도 28일 정도에 도축됩니다. 이는 깃털이 나고 몸을 가눌 수 있을 만큼 자란 상태로, 자연에 있었다면 이제 막 비행을 시작할 어린 상태입니다. 병아리의 모습에서 갓 벗어났을 때 도축되는 닭과 그 운명이 비슷하다고 할 수 있겠네요. 자동화된 도축장의 모습 또한 닭에 쓰는 것들과 거의 동일합니다. 비둘기는 컨베이어 벨트에 거꾸로 매달려, 각종 기계 공정을 거치면서 털이 뽑히고 내장이 제거되고 세척됩니다. 차이가 있다면 닭은 머리와 발을 절단하여 가공되지만, 비둘기는 대부분 통으로 요리되다 보니 살아있었던 때의 형체 그대로 출하됩니다.

이 정도 규모와 시스템으로 비둘기를 사육하는 곳은 중국이 유일하고, 다른 나라에서는 작고 전통적인 방식의 사육 농가를 찾아볼 수 있습니다. 미국에는 주로 캘리

포니아 중부와 사우스캐롤라이나 지역에 사육 농장이 있고, 프랑스에도 수백 개의 소규모 농장이 유지되고 있다고 합니다. 이집트에는 각지에 전통적인 형태의 비둘기장이 있고, 도심 옥상이나 건물 사이에 비둘기장을 만들어 기르는 모습도 어렵지 않게 볼 수 있습니다.

프랑스, 이탈리아 등 유럽 일부와 미국, 베트남, 이집트, 모로코 등 세계 곳곳에는 여전히 스쿼브squab라 부르는 비둘기 고기를 먹습니다. 스쿼브는 새끼 비둘기를 뜻하는 말입니다. 수가 많지는 않지만 온라인으로도 유통이 되기 때문에 미국이나 캐나다, 유럽에서는 마음만 먹으면 비둘기 고기를 식재료로 구입할 수 있습니다. 일부에서는 비둘기 고기가 고급 재료로 쓰이는데, 특히 프랑스식 비둘기 요리는 값이 비싸고 고급 레스토랑에서만 맛볼 수 있다고 합니다. 대표적으로 비둘기와 푸아그라를 페스트리로 감싼 요리나 완두콩을 곁들인 비둘기 구이 같은 것이 있지요. 아무래도 맛보다는 흔하지 않은 요리이기에 높은 평가를 받는 것 같다는 생각입니다.

비둘기 고기 산업에 투자를 하고 있는 중국의 관련 업계에서는 항생제를 적게 사용한다는 점을 강조하며 '건강에 좋은 고기'로서 시장의 성장 가능성을 긍정적으로 전망합니다. 하지만 닭이나 다른 육류를 대체할 만큼 세계적으로 비둘기 고기 소비가 늘어날 가능성은 매우 희박해 보입니다. 비둘기를 음식으로 여기는 사람은 크게 줄었고, 오히려 기생충과 세균이 득실득실할 것 같다는 생각에 그 자체를 끔찍하게 느끼는 사람들이 더 많으니까요. 시간이 갈수록 비둘기 고기는 인류의 경험과 기억에서 잊혀가는 음식이 될 것이라고 봅니다.

우리는 고기를 정말 많이 먹습니다. 인간에게 가장 많이 먹히는 육상 동물은 닭인데, 우리나라에서만 한 해에 10억 마리가 넘는 닭이 도살되고 전 세계적으로는 700억 마리가 넘습니다. 단순히 계산해 보면, 지구에서 1분 동안 14만 마리의 닭이 목숨을 잃는 셈입니다. 어마어마한 숫자죠. 닭이 이렇게 '세계에서 가장 많이 먹히는 동물'이 된 것은 그저 닭의 운명이라고 할 수밖에 없습니다. 맨 처음 닭의 조상이 인간과 어떻게 접촉하게 되었는지, 그리고 그게 왜 하필 닭의 조상이었는지, 우리는 모릅니다. 가축화라는 단어로 설명할 뿐, 그래서 실제로 무슨 일이 있었는지는 어느 누구도 알지 못하니까요.

지금 우리가 먹는 동물들의 조상은 아주 먼 옛날 인간을 만났고, 인간에게 길들여졌고, 인간의 배를 채워왔습니다. 그들이 없었다면 아마 인류와 문명은 지금과 같이 번성할 수 없었을 겁니다. 가까이 다가온 동물이 인간에게는 문자 그대로 '생존의 은인'이지만, 동물들의 입장에서 인간을 만난 그 시간은 돌아갈 수 있다면 돌이키고 싶은 끔찍한 '악연의 시작'이 아닐까요? 지금도 먹히기 위해 태어나고 길러지고 죽음을 맞는 닭, 소, 돼지들은 인간이 더이상 먹지 않으려고 하는 비둘기만이라도 먼저 이 질긴 인연을 끝내기를 바라고 있지는 않을까요. 어쩌면 비둘기들도 차라리 더럽게 보이는 쪽이 살 길이라고 생각하면서 우리와 거리를 두고 있는 건 아닌지 모르겠네요.

사역동물

똑똑해서 일하는 비둘기

1 비둘기는 돌아오는 거야

2022년 12월 말, 캐나다의 한 교정시설에서 조금 황당한 사건이 일어났습니다. 바로 비둘기 한 마리가 '체포'된 것인데요. 교도관이 이상한 꾸러미를 달고 있는 비둘기를 붙잡았더니, 그 꾸러미 안에 약 1,000회 정도 투약할 수 있는 필로폰이 들어있었다고 합니다. 비둘기는 경찰에 인계되어 마약을 압수당한 후, 풀려났습니다. 비둘기를 심문할 수도, 법정에 세워 죄를 물을 수도 없었으니까요.

관계자들은 수감자들이 수개월 동안 비둘기에게 먹이를 주어 교정시설을 '집'으로 여기게 했을 것이라고 추측했습니다. 그렇게 길들여진 비둘기에게 마약을 매달아 날려보내면, 비둘기는 단지 집으로 돌아갔을 뿐이지만 졸지에 마약 운반책이 됩니다. 이렇게 비둘기를 이용해 마약이나 밀수품을 운반하는 방식은 사실 아주 오래된 수법입니다. 비둘기를 붙잡아도 어디에서 날아왔는지 알 수 없고 비둘기를 조사하는 것도 불가능하니, 갇혀 있는 범죄자들에게는 이보다 더 좋은 방법도 없을 겁니다. 지난 뉴스를 조금만 더 찾아보죠. 2017년에는 쿠웨이트와 이라크 국경에서 엑스터시 178정을 등에 맨 비둘기가 발견됐고, 2015년에는 코스타리카 교정시설에서 코카인과 대마초를 달고 날아온 비둘기가 잡혔습니다. 1930년에는 양쪽 다리에 마약이 담긴 캡슐을 매단 채 멕시코 국경을 넘어 미국으로 오다가 잡힌 사례도 있었고, 브라질 상파울루 교정시설로 휴대전화를 달고 온 비둘기도 있었습니다.

사람들은 비둘기가 집을 찾아 돌아오는 '귀소 능력'이 있다는 걸 잘 알고 있었습니다. 인간이 비둘기를 가축으로 길들인 것 자체가 비둘기의 이런 능력, 습성을 활용한 것이었으니까요. 고대인들은 소식을 전하기 위해 비둘기를 이용했습니다. 고대 이집트 선원들은 항해할 때 비둘기를 데리고 갔는데, 바다 한가운데에서 육지로 비둘기를 날려보내서 배가 곧 도착한다는 소식을 미리 알렸습니다. 로마를 거의 멸망 직전까지 몰고 간 한니발 바르카Hannibal Barca, 뒤를 이어 영토를 넓히며 로마 제국을 이끌었던 율리우스 카이사르Julius Caesar는 전투 중에 소식을 전하기 위해 비둘기를 이용했습니다. 특히 카이사르는 5,000마리가 넘는 비둘기를 관리하며 전쟁에 동원했다고 하죠. 고대 그리스 올림픽에서 경기 결과와 승패를 전하는 일도 비둘기의 몫이었습니다.

비둘기의 귀소 능력은 우리가 생각하는 '길을 잘 찾는 수준'을 훨씬 넘어섭니다. 만약 누가 우리를 수백 킬로미터 떨어진, 생전 처음 와 본 어딘가에 데려다 놓았다고 해 보죠. 휴대폰도 돈도 없이 맨몸으로 이런 일을 겪는다면 마침 우연히 그곳을 지나가는 누군가의 도움을 기다리는 것 말고는 어찌해야 할지 몰라 망연자실해 있을 겁니다. 하지만 비둘기는 이런 상황에서도 곧 방향을 찾고 자기 집으로 돌아갈 수 있습니다.

어떻게 이런 일이 가능할까요? 지금까지 밝혀진 해답은 지구의 '자기장'입니다. 거대한 자석처럼 지구는 자전축 양극에서 자기장을 방출합니다. 우리가 나침반으로 방위를 알 수 있는 것도 이 때문인데요. 비둘기는 태어날 때부터 몸 안에 나침반이 장착되어 있다고 보면 됩니다. 비둘기뿐 아니라, 철마다 망망대해를 가로질러 번식지와 월동지를 찾아가는 철새들을 우리는 이미 잘 알고 있죠.

이런 새의 방향 감각이 학계의 연구 주제가 된 것은 비교적 최근의 일입니다. 1960년대 독일의 조류학자 볼프강 빌치코Wolfgang Wiltschko는 인공 자기장 실험장치를 만들어 새들이 자기장을 감지해 방향을 알아차린다는 사실을 실험으로 처음 규명했습니다. 이후 그는 아내 로스비타 빌치코Roswitha Wiltschko와 함께 긴 시간에 걸쳐 연구를 이어갔고, 이 내용은 후속 연구자들에 의해 주류 학설로 자리잡았습니다. 새는 자기장의 극성뿐 아니라 강도와 기울기 등을 감지해 지구에서의 위치를 파악하고 목적지의 방향을 설정한다고 알려져 있습니다. 최근에는 주류뿐 아니라 파충류와 양서류, 벌과 같은 곤충, 원핵생물 등 다양한 동물에게도 자기장을 감지하는 능력이 있다는 사실이 많은 실험에서 밝혀지고 있습니다.

하지만 동물들이 '어떻게' 자기장을 감지할 수 있는지에 대해서는 여전히 모릅니다. 2003년, 귄터 플라이스너

Günther Fleissner는 비둘기 부리 윗부분의 피부에서 자철광이 포함된 신경세포를 발견하고 이것이 자기장을 감지하는 부분일 것이라는 가설을 제시했습니다. 이 주장은 한동안 매우 설득력 있게 다뤄졌지요. 그러나 2012년, 호주의 신경과학자 데이비드 키스 David Keays 연구팀이 다른 연구 결과를 발표합니다. 플라이너스가 말한 세포는 면역체계에서 중요 역할을 하는 대식세포일 가능성이 높고 이는 자기장과는 관련이 없다는 내용이었습니다. 비둘기마다 세포 수와 분포가 너무 큰 차이를 보인다는 점도 의문을 제기하기에 충분했습니다. 그렇게 귀소 능력의 비밀은 다시 미궁 속으로 빠져들었습니다.

현재 가장 유력하게 다뤄지고 있는 가설은 빛을 감지하는 단백질인 크립토크롬 cryptochrome을 통해 자기장을 감지한다는 것입니다. 크립토크롬이 자기장에 민감하게 반응하고, 자기장을 감지할 수 있는 동물들의 뇌에서 크립토크롬이 발현된다는 사실에 근거를 둡니다. 연구자들은 빛에 의해 크립토크롬의 전자가 이동하고 신경 신호로 전환되어 자기장 정보를 전달한다고 설명합니다.

이외에도 비둘기의 귀소 능력에 대한 가설은 많습니

다. 태양의 위치를 통해 방향을 찾거나, 후각과 청각을 사용한다는 실험도 있고, 자연에서 발생하는 저주파로 일종의 '음향 지도'를 그려 나간다는 연구도 있습니다. 사람처럼 건물, 표지판, 자연물 등을 기억해 길을 찾는다고도 합니다. 주로 오가는 곳에서는 귀소 능력이 뛰어나지만 시각을 방해하면 그 능력이 저하된다는 실험 결과가 이를 뒷받침합니다.

전문가들은 이러한 여러 가설들이 상호보완적으로 작용할 것이라고 말합니다. 비둘기가 한 가지 방법만 쓰는 게 아니라 다양한 정보를 종합하고 복합적으로 활용할 것이라는 이야기입니다. 언제쯤 '돌아오는 비둘기'에 대한 수수께끼가 풀릴까요? GPS, 내비게이션 없이는 목적지와 방향을 찾을 엄두도 내지 못하는 인간으로서 동물들의 이런 능력이 그저 놀랍고 신기하기만 합니다

2. 신속 정확하게 배달합니다

수세기에 걸쳐 사람들은 비둘기의 귀소 능력을 특화했습니다. 능력이 뛰어난 비둘기끼리 교배시키고, 하늘을 날 수 있는 아주 어린 시기부터 조금씩 거리를 늘려가며 집으로 돌아오도록 훈련을 시켰습니다. 그렇게 길들여진 비둘기들은 길을 잘 찾았고 지구력이 뛰어난 데다가 비행 속도도 빨랐습니다.

사람들은 이런 비둘기들을 전서구傳書鳩라 부르며 소식을 전하는 데에 사용했습니다. 편지를 써서 매달아 날리면 비둘기는 하늘을 날아가 전달했지요. 비둘기를 이용해 소식을 주고받다니, 마치 까마득한 옛이야기처럼 들리지만 그리 오래전 일도 아닙니다. 전신과 라디오, 전화 등 통신 수단이 자리잡기 전인 19세기 중반에서 20세기 초반까지도 전서구는 인간에게 아주 중요한 통신 수단이었습니다.

에피소드 1.

사업가 파울 율리우스 로이터Paul Julius Reuter는 정보의 빠른 전달, 그야말로 뉴스news의 중요성을 그 누구보다 잘 알고 있었습니다. 그는 30대이던 1850년, 독일 서쪽 국경 도시 아헨에 기반을 두고 벨기에 브뤼셀의 뉴스와 주가 정보를 빠르게 옮겨오는 사업을 시작합니다. 이때 그의 사업 자본은 비둘기 45마리였습니다.

그는 비둘기를 열차에 태워 브뤼셀로 보낸 후, 정보를 갖고 다시 아헨으로 돌아오도록 했습니다. 당시는 아헨과 브뤼셀 사이에 전신선이 갖춰져 있지 않았고, 철도를 통해 소식을 주고받는 것이 일반적이었습니다. 열차를 이용하면 평균 6시간이 걸렸고, 비둘기는 같은 거리를 2시간 만에 날아왔습니다. 비둘기가 당시에 그 어느 방법보다 빠르게 소식을 전한 것이죠. (현재 지도 검색 앱에서 자동차도로를 기준으로 브뤼셀과 아헨의 거리는 약 140km입니다.)

약 1년 후 전신선이 설치되면서 비둘기 서비스는 종료됐지만, 틈새시장을 성공적으로 공략했던 로이터는 이를 기반으로 영국 런던에 자리를 잡고 본격적으로 사업을 시작합니다. 창업자의 이름으로 짐작하셨겠지만, 이 이야기는 바로 오늘날까지 세계적인 통신사 자리를 놓치지 않는 '로이터 통신'의 창업 히스토리입니다.

에피소드 2.

뉴질랜드 북부에 그레이트 배리어Great Barrier라는 섬이 있습니다. 오클랜드 공항에서 30분 정도 비행기를 타거나 페리로 4시간 반을 이동해야 갈 수 있는 곳입니다. 19세기 후반까지 이 섬은 며칠에 한 번 있는 증기선이 유일한 본토와의 통신 수단이었습니다.

그런데 1894년, 큰 사고가 발생합니다. 시드니에서 오클랜드로 향하던 증기선이 섬 해안에서 난파되어 140명이 사망했는데, 그 소식이 3일 만에야 오클랜드에 전해졌습니다. 이 일을 계기로 본토와 소식을 빠르게 주고받을 대책이 필요하다는 목소리가 높아지게 됩니다.

이에 비둘기 우편사업이 해결책으로 떠올랐습니다.

오클랜드 일간 신문 뉴질랜드 헤럴드The New Zealand Herald의 기자 월터 프리커Walter Fricker가 가장 먼저 아이디어를 구상했지요. 프리커는 섬에 취재를 하러 갔다가 본인이 기르던 비둘기 에리얼Ariel을 되돌려 보냈는데, 2시간 만에 오클랜드에 무사히 도착한 것을 보고 이 사업의 가능성을 확신했습니다.

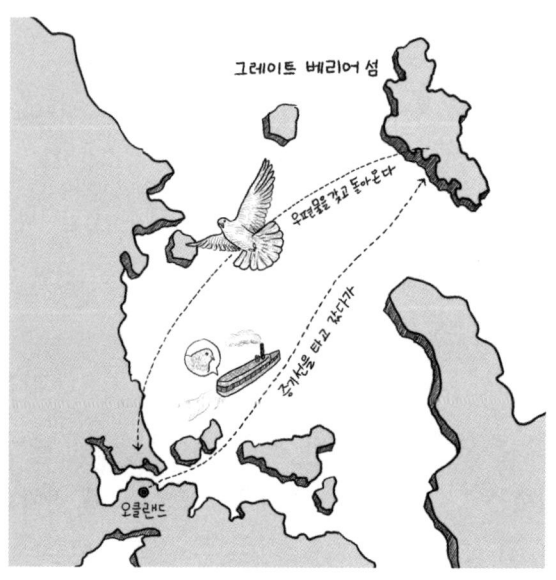

배리어 피죤그램 에이전시의 서비스. 오클랜드에서 섬으로 우편물을 보내는 역방향도 가능했지만, 섬에서 길들여진 비둘기가 많지 않아 비용이 두 배 정도 비쌌다고 한다.

프리커는 몇 번의 테스트를 거쳐 이듬해에 그레이트 배리어 피죤그램 에이전시Great Barrier Pigeongram Agency라는 회사를 세우고 본격적으로 사업을 시작합니다. 일주일에 한 번 정도 비둘기들을 증기선에 태워 섬으로 보내고, 우편물을 갖고 오클랜드로 돌아오게 하는 방식이었습니다. 오클랜드에 도착한 우편물은 수신자에게 직접 전달하거나 우체국을 통해 발송했습니다.

이 서비스는 꽤 각광을 받았습니다. 몇 달 지나지 않아 오리지널 그레이트 배리어 피죤-그램 서비스The Original Great Barrier Pigeon-gram Service라는 경쟁 업체까지 생길 정도였으니까요. 이 업체는 우표를 발행해 사람들의 눈길을 끌었고, 후대에는 세계 최초의 '항공우편 우표 발행기관'이라는 타이틀도 얻습니다. 프리커의 입장에서는 후발 주자인 주제에 서비스 이름을 교묘히 바꾸고 앞에 '오리지널'이라는 이름까지 붙인 경쟁사가 무척 괘씸했을 테지요. 프리커도 이에 지지 않고 삼각형 모양의 독특한 우표를 만들면서 맞불을 놓았고, 두 업체가 경쟁적으로 내놓은 이 우표들은 현재까지도 수집가들 사이에서 매력적인 수집품으로 거래되고 있습니다. 섬과 본토 사이 전신선이 설치된 1908년까지, 두 회사의 비둘기 우편 서비스는 10년 동안 운영되다가 자연스럽게 문을 닫습니다.

에피소드 3.

전신이 보편화되었지만 전서구가 바로 필요 없어지지는 않았습니다. 1930년대 미국, 특히 상업과 금융, 문화와 예술의 중심지로 위상이 높아가고 있던 뉴욕을 중심으로 다시 한번 비둘기가 중요한 역할을 하게 되는데요. 바로 '보도 사진'이라는 새로운 미디어의 탄생, '포토저널리즘'의 역사와 함께입니다.

1920년대부터 소형카메라가 확산되고 제판 기술이 발전하면서 신문사들의 보도 사진 경쟁이 시작되었고 치열해졌습니다. 아무리 상세하게 글로 상황을 옮겨도 현장의 모습 그대로를 담은 사진 한 장을 보여주는 것이 더 설득력이 있었으니까요. 그때에도 역시 무엇보다 중요했던 것은 '가장 먼저', 바로 속도였습니다.

신문사들은 귀소 능력이 뛰어난 비둘기들을 고용하기 시작했습니다. 취재현장에 비둘기를 데려가, 사진기자가 촬영한 필름을 비둘기에게 실으면 비둘기는 곧바로 비둘기장이 있는 신문사 건물 옥상으로 날아갔죠. 전달된 필름은 바로 현상되었고, 신문에 인쇄되어 배포되었습니다. 당시 사람들이 각종 사건사고는 물론 스포츠 경기까지 생생한 현장을 사진으로 빠르게 볼 수 있었던 건 비둘기 덕분이었습니다.

에피소드 4.

1870년, 프로이센-프랑스 전쟁으로 포위된 파리는 외부와 완전히 단절되었습니다. 전신선이 절단되고 더이상 우편물도 오가지 못하는 상황이었죠. 파리 시민들은 고립에서 벗어날 방법을 찾아야 했습니다.

처음 생각한 방법은, 우편물을 풍선에 매달아 날리는 것이었습니다. 풍선이라고 표현했지만 형태와 크기는 열기구와 유사했습니다. 천을 모아 꿰매 만든 거대한 풍선에 석탄 가스를 담고, 아래에는 바구니를 달아 우편물을 실었습니다. 그리고 조종사도 탑승했습니다.

이 시도는 꽤나 성공적이었습니다. 풍선은 격추되지 못할 높이까지 올라간 다음, 프로이센군이 점령하지 않은 지역이나 이웃나라 벨기에에 착륙했습니다. 그렇게 파리의 소식을 밖으로 전할 수 있었지요.

문제는 바깥에서 파리로 들어오는 역방향이었습니다. 조종사가 있다고 해도 풍선이 바람의 속도나 방향에 영향을 크게 받다 보니, 파리 시가지 안의 정확한 위치로 착륙을 하는 게 쉽지 않았던 것이죠. 고민하던 파리 사람들은 비둘기를 이용하기로 합니다. 풍선을 날릴 때 비둘기를 실어 보내서 비둘기가 바깥의 우편물을 갖고 오게 하는 계획이었습니다.

동시에 편지에 글자를 작게 인쇄하는 방법도 고안했습니다. 비둘기가 한 번에 옮길 수 있는 우편물의 양을 늘리기 위해서였죠. 여기서, 화학자 샤를루이 바레스윌 Charles-Louis Barreswil이 '마이크로 사진 기술을 활용하자'는 제안을 합니다. 이 기술을 사용하면 글자를 현미경으로 봐야 할 정도로 작게 만들 수 있었거든요. 프랑스는 이 제안을 채택했고, 관련 특허 기술을 갖고 있던 르네 다그론 Rene Dagron을 여러 번의 제안 끝에 영입합니다.

이 시도는 매우 성공적이었습니다. 공식 문서를 다 전달하고도 필름에 공간이 남자, 일반 사람들도 이용할 수 있는 일종의 전보 서비스를 시작했습니다. 비록 '20개 단어 미만의 메시지'라는 제한이 있었지만, 멀리 떨어져 있는 이들과의 소식이 간절했던 사람들에게는 아주 귀하고 소중한 기회였습니다. '잘 있으니 안심하라', '당신이 보고 싶다'는 그리움이 담긴 메시지가 비둘기를 통해 파리 시민들에게 전달됐죠. 그렇게 비둘기들은 약 3개월 동안 10만여 개의 메시지를 날랐다고 합니다.

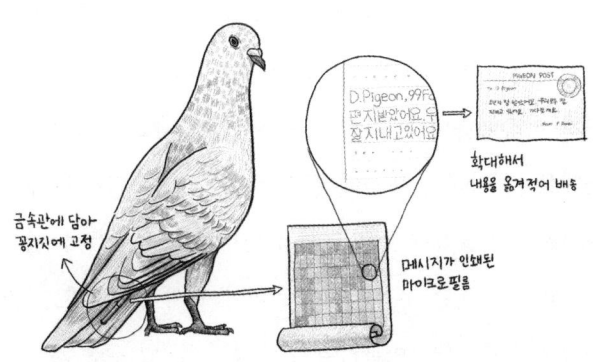

다그론은 가로 3.6cm, 세로 6cm 크기의 필름에 약 3,000개의 메시지를 담았다. 필름을 말아 얇은 금속관에 넣어 비둘기 꽁지깃에 매달았고, 비둘기들은 필름을 한 번에 10개, 많게는 20개까지 운반했다. 파리에서는 필름을 유리에 부착한 후 확대 투사해 내용을 확인하고 옮겨 적은 다음 시내 우편으로 발송했다. 그 많은 메시지를 다 옮기는 게 보통 일이 아니어서, 필름 한 개를 처리하는 데에 거의 9시간이나 걸렸다고 한다.

3 적들에게 너의 비행을 들키지 마라

 전시에 비둘기 덕을 톡톡히 보았던 파리를 보고, 유럽 국가들은 위기 상황을 대비해 비둘기 통신 서비스를 준비하기 시작했습니다. 가장 적극적이었던 나라는 벨기에였는데요. 벨기에는 육군에 통신 비둘기 관리 임무를 두고 유사시에 비둘기가 주요 도시를 양방향으로 오갈 수 있는 시스템을 마련했습니다. 오스트리아-헝가리 제국도 국경 부근 주요 지역을 비둘기들이 이동할 수 있도록 했는데, 우선적으로 다른 통신을 이용하기 어려운 산간 지역을 연결하는 데에 집중했습니다. 프로이센과의 전쟁으로 비둘기의 소중함을 실감한 프랑스는 1877년에 '전시에 군대가 개인 소유의 비둘기를 징집할 수 있다'는 법을 통과시켰고, 이를 시행하기 위해 집집마다 살고 있는 비둘기 수를 매년 신고하도록 하는 규정까지 만들었습니다.

제1차 세계대전을 거치며 뒤늦게 비둘기의 필요성을 느낀 미국은 '현역 군인' 비둘기를 육성하는 데에 집중했습니다. 1918년 뉴저지주 포트 몬머스Fort Monmouth에 비둘기 통신부대를 꾸리고, 종전 후 살아남은 비둘기들에다가 영국군으로부터 지원받은 150쌍을 더해 본격적으로 비둘기를 번식시켰습니다. 그렇게 준비된 비둘기들은 제2차 세계대전에 본격적으로 투입됐습니다.

비둘기를 빼놓고서 제1, 2차 세계대전을 이야기할 수 없을 만큼 전쟁에 참여한 거의 모든 국가들이 비둘기를 통신 수단으로 이용했습니다. 제1차 세계대전에서는 전신선과 전화선이 끊어지면 속수무책이었기에 비둘기에 의존할 수밖에 없었고, 제2차 세계대전 시기에는 무선 통신 기술이 진보했지만 감청 등 보안상의 이유로 비둘기 통신이 여전히 요긴하게 쓰였습니다.

운용 방식은 대부분의 나라에서 비슷했습니다. 비둘기 다리에 표식을 묶고, 금속관으로 만든 길이 2cm 남짓의 작은 통을 고정시켜 그 안에 메시지를 적은 종이를 말아 넣었죠. 메시지를 다리에 직접 묶거나 꽁지깃에 붙이는 방법도 쓰였습니다. 당시 군인들은 비둘기를 다뤄야 했기에 비둘기를 새장에서 꺼내 잡는 법, 메시지를 부착하고 하늘에 날리는 법 등을 교육받았습니다.

　기지에는 비둘기장이 설치됐습니다. 대부분의 비둘기장은 자동차를 개조하거나 바퀴를 달아서 끌고 다닐 수 있게 했습니다. 적군의 눈에 띄지 않기 위해 지형지물에 숨겨 만들기도 했고요. 비둘기는 이곳을 '집'으로 여기며 살다가 전방으로 보내졌고, 전방에서는 비둘기를 데리고 있다가 필요할 때 메시지를 통에 넣고 기지로 돌려보내 상황을 전했습니다. 아울러 비둘기 병력이 손실될 것을 대비해 후방에도 지원 비둘기들이 배치됐습니다. 1915년 루스 전투 직후 영국군이 보강했던 비둘기 통신 운용 계획을 예로 보면, 15개 전방 기지에 6~8마리씩 총 110마리를 배치하고 이를 지원하기 위해 예비 비둘기 90여 마리를 9곳의 후방 비둘기장에 나누어 길렀다고 나옵니다.

　비둘기 통신을 효과적으로 운영하기 위해서는 일단 전방까지 비둘기를 옮기는 것이 관건이었습니다. 비둘기는

'집'을 찾아 돌아오는 것일 뿐, 그들을 원하는 곳으로 날아가게 할 수는 없었으니까요. 가장 기본적인 방법은 새장을 배낭으로 만들어서 인간 병사가 직접 메고 옮기는 것이었습니다. 또 기동성을 높이기 위해 오토바이에 태워 나르기도 하고, 풍선이나 낙하산으로 날려 보내는 방법도 고안되었습니다.

비둘기에 메시지를 싣는 여러 시도 끝에 표준으로 자리잡은 형태. 비행하는 데에 방해가 되지 않고 메시지가 떨어질 가능성도 낮다고 한다.

개와 '협업'을 할 수도 있었습니다. 비둘기를 개 등에 실어 전방에 보내는 방식이었죠. 개는 사람이나 그 사람과 함께 지냈던 장소를 찾아갈 수 있기 때문에, 핸들러 handler, 개를 전문적으로 훈련시키고 관리하는 사람가 있는 곳으로 이동하는 것이 가능했습니다.

개가 왔다 갔다 할 수 있는 상황이 된다면 개가 메시지를 전하면 되지 않나요? 의문이 드실 겁니다. 실제로 메신저 독messenger dog이라는 이름으로 개가 이런 역할을 맡기도 했습니다. 밤에는 이동하지 않는 비둘기와 달리 개는 어두운 시간에도 길을 잘 찾았고, 양방향으로 이동할 수도 있었으니 어느 면에서는 비둘기보다 나았지요. 하지만 비둘기만의 장점도 많았습니다.

우선 비둘기는 지구력이 좋습니다. 수백 킬로미터를 쉬지 않고 날 수 있으니 이동 거리가 길수록 비둘기가 더 효율적이었죠. 하늘을 날아가니 지상의 장애물과 지형에 구애받지 않고 이동할 수 있고, 당연히 직접적인 공격을 받을 가능성도 낮았습니다. 결정적으로 비둘기는 육군, 해군, 공군 어디에나 투입이 가능했습니다. 바다 한가운데 떠 있는 배에서도, 심지어 비행 중인 비행기에서도 비둘기를 돌려보낼 수 있었으니까요. 그리고 사실, 개는 메시지 전달만 하기에는 아까운 자원이었습니다. 개는 많은 양의 짐을 옮길 수 있으니 응급 구호물품을 싣거나 전쟁 물자를 옮기거나 부상자를 수색하는 일을 하는 것이 활용도가 높았습니다.

개와 비둘기의 협업 일화 하나를 소개해 보겠습니다. 제1차 세계대전에서 참혹했던 전투 중 하나로 꼽히는 베르됭 전투에서의 일입니다. 독일군의 공세에 완전히 밀려 프랑스군은 고립되었고, 겨우 살아남은 이들은 식량과 탄약이 고갈된 채 버티고 있었습니다. 지원을 요청할 비둘기 한 마리조차 없었는데요. 모두가 희망을 잃어가던 그때, 사탄Satan이라는 이름의 개가 전선을 향해 달려왔습니다. 핸들러 듀발Duvalle의 목소리를 들은 사탄은 독일군이 쏜 총에 맞아 한쪽 다리를 절뚝이면서도 끝까지 멈추지 않았고, 기적적으로 참호에 도착했습니다. 사탄의 목에는 '내일 지원군이 파견될 것'이라는 메시지가 걸려 있었고, 양 옆에는 비둘기 두 마리가 실려 있었습니다. 사탄에게 비둘기를 건네받은 프랑스군은 독일군의 정확한 위치와 상황을 두 개의 종이에 똑같이 적어 각각 매달아 날렸습니다. 한 마리는 날아오르자마자 독일군의 총에 사살됐지만 다른 한 마리는 그곳을 무사히 벗어났습니다. 비둘기에게 정확한 내용을 전달받은 지원군은 독일군을 공격했고, 남아 있던 프랑스군은 무사히 구출되었습니다.

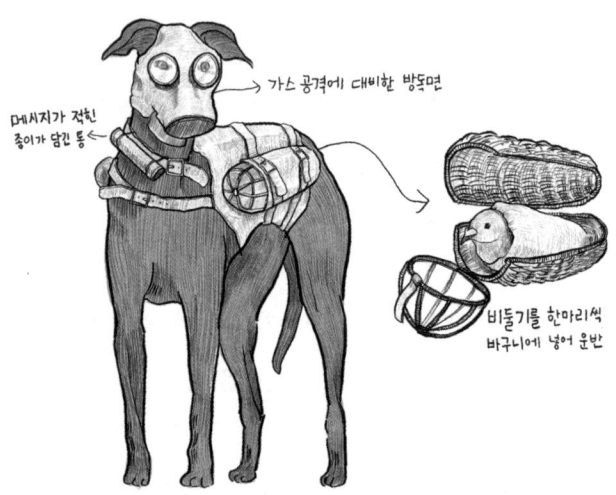

상상하여 그린 사탄의 모습. 비둘기는 사탄의 뜀박질에 충격을 덜 받도록 한 마리씩 원통 모양의 바구니에 담겨 있다. 양 옆에 달린 비둘기 바구니와 방독면 때문인지, 달려오는 사탄이 '머리가 큰, 날개 달린 환영처럼 보였다'는 회고가 있다. 사탄은 그레이하운드 수컷과 콜리 암컷 사이에서 태어난, 러처(lurcher)라고도 불리는 검은색 그레이하운드 믹스견이었다고 한다. 핸들러 듀발은 달려오는 사탄을 부르러 참호에 올라왔다가 총을 맞고 바로 사망했다. 그 둘이 만났다면 서로를 보며 얼마나 감격했을까?

전쟁에 투입된 수많은 비둘기 중 가장 유명한 비둘기는 사람들에게 '영웅 비둘기'라고도 불리는 셰어 아미Cher Ami, 영어로 dear friend라는 뜻입니다. 제1차 세계대전 당시 미 육군 소속이었던 셰어 아미는 아르곤 교전 지역에서 비둘기를 노리던 독일군의 총에 맞아 추락하고 마는데요. 하지만 이내 다시 날아올라 40km 정도 떨어진 기지에 메시지를 전했고, 그 덕에 고립된 채 오인 사격을 받던 약 200명의 군인들이 무사히 목숨을 건질 수 있었습니다. 도착했던 당시 셰어 아미는 덜렁거릴 정도로 다리 하나가 거의 떨어져 나가 있었고, 눈 한쪽을 잃은 데다가, 가슴에 난 상처도 매우 심한 상태였다고 합니다. 셰어 아미는 미국 비둘기 통신부대로 옮겨졌지만, 부상을 이겨내지 못하고 얼마 지나지 않아 결국 세상을 떠났습니다. 그리고 현재는 미국 워싱턴에 위치한 스미소니언 국립미국사박물관에 박제로 남아 있습니다.

전쟁의 현장에서, 적국의 비둘기 통신이 성공하는 것을 가만히 보고만 있을 수는 없었습니다. 그래서 상대의 비둘기가 임무를 제대로 수행하지 못하도록 막는 것이 핵심 전술 중 하나로 떠올랐지요. 소식을 전하는 비둘기의 이동을 방해하는 것을 일종의 통신 교란 행위로 보면 될 것 같습니다. 많은 국가에서 주로 선택한 방법은 적국의 기지 방향으로 날아가는 비둘기를 모조리 죽이는 것이었습니다. 근방에 사수들을 배치해 비둘기가 보이는 족족 쏴 버리도록 했지요. 총에 맞은 비둘기들은 바로 목숨을 잃거나 셰어 아미처럼 겨우 숨만 부지했습니다.

반대의 입장에서, 이렇게 우리 군의 비둘기가 죽어 나가는 걸 가만히 보고 있을 수는 없었습니다. 그래서 이 같은 공격에 대비해서 비둘기를 '위장'하는 방어법을 찾기 시작합니다. 놀랍게도, 프랑스군은 비둘기를 검은색으로 염색해 까마귀처럼 보이게 했습니다. 좀 황당하긴 하지만 순식간에 날아가면 바로 분간하기가 어려웠던 모양인지 이 방법은 꽤 효과가 있었다고 하네요.

미군에서 수년간 비둘기 훈련을 총지휘했던 레이 델하우어Ray Delhauer는 애초에 비둘기를 '눈에 덜 띄게 만들어야겠다'고 생각했습니다. 밝고 무늬가 선명한 비둘기가 총격에 더 쉽게 노출된다고 판단한 그는, 회색과 갈색, 푸른빛과 초록빛이 얼룩덜룩하게 섞인 깃털이 발현될 때까지 선택 교배를 시키며 '위장된' 비둘기를 길러내기 시작합니다. 얼룩무늬 전투복의 생물 버전이라고 하면 될까요. 델하우어는 나아가 전투 환경에 최적화된 무늬로 종류를 세분화해 개량을 이어갔습니다. 건물이 많은 시가지 전투 버전 비둘기, 일반 내륙 전투 버전 비둘기, ... 이런 식으로 말입니다.

다시 입장을 바꿔, 비둘기를 겨냥하고 있는 사수가 되어 보겠습니다. 비둘기를 총으로 쏴 죽이는 것이 가장 확실한 방법은 맞지만, 가장 좋은 방법은 아니었습니다. 적들의 비둘기 통신을 무력화하는 것이 아무리 중요하다고 해도 물자가 귀한 전시 상황에서 숙련된 사수들과 탄약이 겨우 비둘기를 죽이는 데 쓰이는 것이 아까웠죠. 비둘기 통신을 저지할 수 있는 다른 방법을 찾아야 했고, 이에 새로운 병사로 매가 발탁됩니다.

매는 비둘기의 상위 포식자이자 천적입니다. 비둘기에게 비행 훈련을 시킬 때, 군인들은 주변에 매가 없는지 늘 신경을 써야 했습니다. 비둘기장에 매 한 마리가 들이닥쳐 비둘기를 전부 몰살시키는 일도 있었기에 매가 침입하지 못하도록 감시하는 병력을 배치해야 할 정도였죠. 여기에 힌트를 얻은 국가들은 매를 훈련시켜 적국의 비둘기를 잡도록 했습니다. 전서구와 매사냥. 인간이 동물을 길들일 즈음부터 있었던 '전통 기술' 두 가지가 수천 년이 지나 인간들의 싸움에 동원되어 맞붙은 겁니다.

승자는 누구였을까요? 볼 것도 없이, 매입니다. 매는 날카로운 발톱과 엄청나게 빠른 비행 속도로 비둘기를 순식간에 낚아챘고, 매의 공격을 받은 비둘기들은 맥없이 고꾸라졌습니다. 이렇게 직접적인 공격이 아니더라도 매는 그 존재만으로 비둘기에게 매우 위협적이었습니다. 매가 주위를 정찰하는 것만으로도 겁을 먹은 비둘기들은 좀처럼 모습을 드러내지 못했습니다.

매에게 잡힌 비둘기는 보통 악력에 숨통이 바로 끊어지지만 그렇지 않은 경우도 있었습니다. 군인들은 살아 있는 상태로 잡혀온 비둘기를 굳이 죽이지는 않았는데요. 비둘기도 일종의 귀중한 군수품이었기 때문입니다. 번식용으로 사용하기 위해 상처를 돌보며 데리고 있기도 했고, 또 식량이 부족한 때에는 잡아먹기도 했습니다.

적국의 비둘기를 교란 작전에 이용하는 경우도 있었

습니다. 비둘기가 갖고 있던 메시지의 내용을 바꿔서 다시 풀어주는 것이지요. 그러니 메시지를 받는 쪽에서는 믿을 수 있는 정보인지 확인하는 절차를 거쳐야 했습니다. 암호를 사용하거나, 메시지를 담는 통에 특수한 밀봉 처리를 하는 방법 등이 시도되었습니다.

일부러 상대의 사기를 떨어뜨리는 메시지를 담아 그대로 다시 날려보내기도 했습니다. 일종의 심리전이라 하면 될까요. 아래는 1944년 독일군이 생포한 미군 비둘기에 실어 보낸 메시지입니다. 지금 봐도 아주 살살 약이 오르는 걸 보니, 성공적이었던 것 같네요.

"미국인들에게.
여기 당신의 비둘기를 돌려드립니다. 이 요원들은 너무 멍청해서 붙잡히기 전에 중요한 문서를 파기하지 못했네요? 현재 당신의 사단은 남부 지역에서 공격을 잘 받고 있답니다. 어이구, 이 불쌍한 바보들.
독일군으로부터."

4 비둘기 눈은 백만불짜리 눈

비둘기는 눈이 매우 좋습니다. 앞서 말한 귀소 능력처럼 인간 기준으로 '시력이 좋은' 수준을 훨씬 넘어서지요. 인간이 절대 맡지 못하는 냄새까지 알아차리는 개의 코, 후각 같은 거라고 생각하시면 됩니다.

새는 기본적으로 시각에 의존하는 동물입니다. 높이 하늘을 날고 멀리 아래를 내려다봐야 한다고 생각하면 새에게 눈이 얼마나 중요할지 이해가 되지요. 공중에서 주변을 파악하고 장애물이나 천적을 재빨리 피할 때에도 잘 볼 수 있어야 할 겁니다. (물론 눈을 이용하지 않고도 잘 날아다니는 박쥐 같은 동물도 있긴 합니다.)

새의 눈으로 들어오는 세상은 인간의 그것보다 훨씬

다채롭습니다. 새의 눈은 빛을 받아들이는 광수용체가 많고 **빽빽**해서 가시광선은 물론 자외선까지 수용할 수 있습니다. 인간이 보지 못하는 먼 물체나 절대 구분할 수 없는 색도 볼 수 있죠. 감지 능력도 뛰어나서, 인간의 시각 범위 밖에서 일어나는 빠르거나 느린 움직임까지 포착할 수 있습니다.

대부분의 새는 눈이 머리 양 옆에 있어서 넓은 범위를 볼 수 있습니다. 새의 시야각은 보통 수평 300도 정도로, 200도에 못 미치는 인간과 비교하면 상당히 넓죠. (눈이 머리 앞에 있는 올빼미는 사람보다 시야각이 좁지만 대신에 목이 거의 반 바퀴까지 돌아갑니다.) 그중에서도 비둘기의 시야각은 340도로 웬만한 새보다도 넓은 편인데요. 이 정도면 거의 뒤통수에 눈이 달렸다고 해도 될 것 같습니다.

비둘기 눈에는 한 가지 비밀이 더 있습니다. 바로, 눈이 하나 더 있다는 사실입니다. 무슨 소리인가 싶으시겠지만 정확히 말하자면, 비둘기 눈은 중심와中心窩, fovea가 두 쌍입니다. 중심와는 망막에서 초점이 맺히는 부위입니다. 이곳의 원추세포를 통해 시각 정보가 뇌로 전달되는데 중심와가 두 쌍이라는 것은 두 가지 시야로 각각의 시각 정보를 받는다는 의미입니다. 우리 인간은 중심와가 하나이기 때문에 이를 직관적으로 이해하기 어렵겠습니다만, 앵글을 다르게 해서 촬영하는 카메라 2대로 화면을 바꿔가며 보는 것과 비슷하지 않을까 합니다.

어차피 인간인 우리가 이해하기에는 글렀으니, 비둘기 눈의 구조에 대해 조금만 더 깊이 들어가 보겠습니다. 비둘기는 양 측면을 넓게 보는 시야에다가, 정면을 입체적으로 바라보는 시야각 37도의 시야를 하나 더 가지고 있습니다. 비둘기는 걸어 다니며 바닥에 놓인 먹이를 찾을 때 이 시야를 씁니다. 35cm쯤 전방에 떨어진 물체를 보고, 머리를 숙여 바닥에 부리가 닿을 정도로 가까워질 때까지도 사물을 또렷하게 볼 수 있습니다. 때문에 바닥에 있는 것들 중에서 먹이가 무엇인지 식별하고 거리를 파악해 정확한 위치에서 머리를 숙여 쪼아 먹을 수 있지요. 인간의 눈에는 잘 보이지 않는 부스러기나 떨어져 있는 작은 씨앗이 비둘기 눈에는 다 보인다는 겁니다. 그러니 비둘기들이 하는 일 없이 괜히 서성대며 길거리를 걸어 다닌다고 오해하시면 안 됩니다. 사실은 우리 눈에는 보이지 않는 것들을 보면서 열심히 먹이를 찾는 중이니까요.

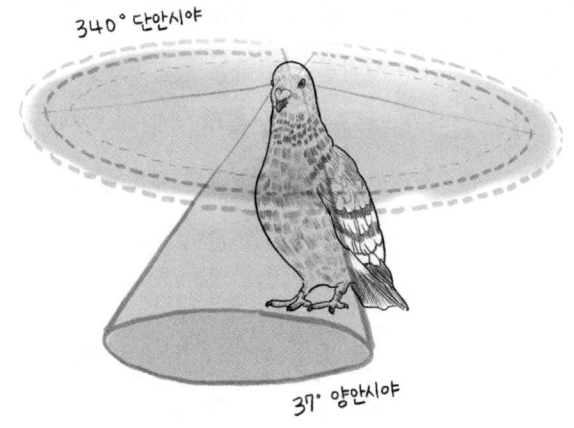

비둘기는 두 개의 시야를 사용한다. 340도 단안(單眼) 시야로 양 측면을 멀리 넓게 보고, 37도 양안(兩眼) 시야로는 정면을 입체적으로 본다.

    비둘기는 본 것을 기억하고 분류하는 능력도 탁월합니다. 범주화로 불리는 이 능력은 생존에 매우 중요하죠. 자기를 공격하는 것과 자기에게 우호적인 것, 먹어도 되는 것과 안 되는 것, 안전한 곳과 위험한 곳을 빨리 구분하는 것이 생존에 유리하니까요.

    동물의 인지 메커니즘을 연구하는 실험심리학자 애드워드 바서만Edward Wasserman은 비둘기를 '인공지능의 마스터'라 칭하며, 비둘기의 범주학습 능력을 높이 평가합니다. 비둘기를 비롯한 동물들은 시행착오를 겪으며 자극과 자극, 행동에 따른 결과를 연결하는 연합학습을 통해 조금씩 답을 찾아가는데요. 예를 들어, '개는 주둥이가 길다', '고양이는 꼬리를 치켜올린다'같은 규칙에 따라 추론하는 것이 아니라, 개와 고양이를 많이 보고 판단했던 경험으로 자연스럽게 둘을 구분하는 겁니다. 인공지능도 인간이 미리 판단 기준을 정해 주지 않아도 알아서 특징을 파악하고 최적의 연산 모델을 찾아내지요. 바서만은 경험을 통해 얻은 정보를 기억하고 적용하는 비둘기의 방식이 인공지능의 기계학습 방법과 거의 동일하고, 또 학습 능력이 매우 뛰어나다고 설명합니다.

비둘기의 이러한 연합학습과 범주학습 능력은 이전부터 줄곧 여러 연구자들의 관심사였습니다. 대표적인 인물이 버러스 프레더릭 스키너Burrhus Frederic Skinner인데요, 그는 연합학습의 일종인 조작적 조건형성 이론을 정립한 유명한 행동주의 심리학자입니다. 조작적 조건형성은 어떤 행동을 했을 때 자신에게 이득이 되는 결과가 있다면 그 행동을 반복하고, 나쁜 결과가 있다면 그 행동을 하지 않을 것이라는 아주 기본적인 학습 원리입니다. 그는 1948년

하버드 비둘기 연구실Harvard Pigeon Lab을 꾸리고 비둘기를 통해 이 이론에 대한 실험을 본격적으로 시작합니다.

그는 일명 '스키너 박스'라고 불리는 단순한 실험 장치를 고안했습니다. 이 박스에는 버튼을 누르면 자동으로 먹이가 공급되는 장치가 있습니다. 이 박스 안에서 비둘기는 어떤 행동을 했을까요? 우연히 버튼을 눌렀다가 '버튼을 누른다(행동)' - '먹이가 나온다(좋은 결과)'의 과정을 알아차린 비둘기는 버튼을 계속 눌렀습니다. 아무리 눌러도 더 이상 먹이가 나오지 않을 때까지 말입니다.

단순하게 표현한 스키너 박스 구조. 스키너는 조작적 조건형성을 통해 사람을 포함한 동물들에게 행동을 학습시킬 수 있다고 생각했다.

만약 버튼을 누르는 것과 관계없이 먹이를 무작위로 공급하면 어떻게 될까요? 대부분의 비둘기들은 잠시 혼란스러워하다가 특정 행동을 반복하기 시작했습니다. 어느 비둘기는 제자리에서 한 바퀴 빙 돌았고, 또 어느 비둘기는 박스 모서리에 머리를 밀어 넣었지요. 먹이가 나오는 타이밍에 우연히 취했던 '행동'이 먹이가 나오는 '좋은 결과'를 야기했다고 연결 지었기 때문입니다. 비둘기들은 먹이를 얻기 위해 동일한 행동을 되풀이했고, 그러다 보면 언젠가는 또 먹이가 나왔기 때문에 이런 행동을 멈추지 않았습니다. 스키너는 이것을 미신superstition 행동이라 칭하며, 징크스나 루틴처럼 정확한 인과관계 없이 특정 행동을 거듭하거나 기피하는 사람들의 심리를 설명하는 데에 이 개념을 사용했습니다.

유사한 형태의 실험을 이어가던 스키너는 비둘기가 좀 더 복잡한 것도 할 수 있겠다고 판단하고 비둘기에게 탁구를 가르칩니다. 정확히 말하면, '탁구의 규칙에 맞게 비둘기가 행동하도록 만들었다'는 것이 맞겠네요. 스키너가 남긴 영상을 보면 양 끝이 기울어진 작은 테이블 앞에 두 마리의 비둘기가 마주 서서 머리를 쭉 내밀며 반대편으로 공을 쪼아대듯 쳐내고 있습니다. 인간의 탁구에서 점수가 보상이 되듯이, 상대방이 나에게 다시 공을 넘기지 못하면 테이블 아래의 공급 장치에서 먹이가 나오죠.

어떻게 비둘기가 '탁구를 칠 수 있게' 됐을까요? 아마 돌아다니던 비둘기가 탁구대 앞에 서면 먹이를 주는 방식으로 시작했을 겁니다. 그리고 탁구대 위로 굴러오는 공을 쳐내면 먹이를 줘서 그 행동을 반복하게 만들었겠죠. 연속해서 쳐내는 훈련을 하다가 '테이블 반대편으로 공이 떨어지면(상대방이 나에게 공을 넘기지 못하면) 먹을 게 나온다'는 것도 역시 학습시켰을 겁니다.

스키너는 이것을 조성shaping과 연쇄chaining라는 개념으로 설명합니다. 간단한 행동을 하도록 하고 또 그것을 순서대로 연결하게 해서 최종적으로 목표하는 새로운 행동을 이끄는 것이죠. 이 개념은 현재도 동물을 트레이닝하는 방법 중 하나로 쓰입니다. 예를 들면, 개가 방석에 가까이 오면 간식, 방석 위에 발을 올리면 간식, 방석 위로 올라가면 간식, 거기에 앉으면 간식, … 이런 식으로 세세하게 행동을 나누고 연결하는 과정을 거쳐 '방석 위에 올라가 앉아 기다리는' 목표 행동을 만들어가는 것입니다.

탁구 치는 비둘기. 반대편으로 공이 떨어지길 기다렸다는 듯 먹이를 먹는 모습을 보면 자신이 이겼다는 사실을 아는 것 같다.

스키너를 이어 30여 년간 하버드 비둘기 연구실을 이끈 리처드 헤른슈타인Richard Herrnstein은 비둘기의 범주화 능력에 관심이 많았습니다. 1964년, 헤른슈타인은 비둘기에게 사람이 있는 사진과 없는 사진을 구분하도록 가르친 연구 결과를 발표하는데요. 기본적인 방법은 스키너의 실험과 동일했습니다. 비둘기에게 여러 사진을 보여주는데 사람이 있는 사진을 쪼면 먹이를 주고, 사람이 없는 사진을 쪼면 보상을 주지 않았죠. 여러 번 반복하자 비둘기는 사람이 없는 사진은 쪼아도 얻을 게 없다는 걸 알게 된

듯, 사람이 있는 사진만 골라 쪼기 시작했습니다. 도대체 어떻게 알아봤는지 신기할 정도로 사진 속 사람들의 모습은 다양했습니다. 사람이 아주 작게 보이는 사진, 얼굴 측면만 나온 클로즈업 사진, 상반신만 나온 사진 등 자세와 구도는 물론이고 얼굴과 옷차림, 성별, 나이가 다 달랐습니다. 심지어 우산을 쓴 뒷모습, 나무 사이로 얼굴만 살짝 보이는 사진처럼 언뜻 봐서 사람을 찾는 게 어려운 것들도 있었습니다. 비둘기가 '사람'이라는 개념을 이해했다는 결론을 내릴 수 있을 정도였죠.

헤른슈타인은 1970년대까지 나무, 물 등 자연물을 구분하는 실험을 이어갔고, 후속 연구자들을 통해서도 유사한 연구가 진행됐습니다. 꽃, 나뭇잎 패턴, 항공사진부터 의자, 자동차 같은 인공물과 여러 도형까지 비둘기에게 다양한 사진이 과제로 주어졌습니다. 심지어는 비둘기가 절대 본 적이 없을 바닷속 물고기나 의료영상 같은 것도 학습의 소재가 됐지요. 1995년에는 비둘기에게 모네와 피카소 그림을 구분하게 하는 연구로 일본 연구진들이 이그노벨상Ig Nobel Prizes, 노벨상을 패러디해 사람들의 관심을 부르는 웃긴 연구에, 또는 풍자 목적으로 시상하는 상 **심리학상을 받기도 했습니다.**

일련의 연구에서, 비둘기들은 소재를 가리지 않고 상당히 높은 정확도를 보였습니다. 게다가 학습 속도도 굉장히 빨랐죠. 이를 본 사람들은 비둘기가 인간보다 더 낫겠다고 판단했던 모양입니다. 비둘기 눈을 해안 수색에 이용하자는 아이디어가 실행으로 옮겨집니다.

때는 1976년, 당시 미국 해안경비대는 보다 효과적인 해양 수색 방법을 찾고 있었습니다. 광활한 바다에 떠 있는 사람이나 작은 보트를 육안으로 찾는 데 한계를 느꼈기 때문입니다. 흐리거나 비가 오거나 파도가 크게 치는 날에는 수색이 어려웠습니다. 맑은 날은 맑은 대로 쉽지 않았는데, 해수면에 반사된 태양빛에 눈이 부셔 물체를 분간하기 어려웠기 때문입니다. 수색 시간이 길어질수록 대원들의 체력과 집중력이 떨어지는 것도 문제였습니다.

해안경비대는 이 일을 비둘기에게 맡기기로 합니다. 작전명은 프로젝트 시 헌트 Project Sea Hunt, 비둘기 몇 마리가 선발되어 훈련에 들어갔습니다. 우선, 비둘기들은 주황색 물체를 구분해야 했습니다. 구호장비에 가장 흔히 사용되는 색이 주황색이기 때문이죠. 앞선 실험들과 마찬가지로, 비둘기들은 주황색 물체를 보고 버튼을 쪼면 먹이를 주는 학습을 거쳤고, 정확도와 반응 속도가 일정 수준으로 올라오면 다음 단계로 넘어갔습니다. 최종 단계에서는 실제 바다에서 물체를 식별하는 실전과 유사한 훈련이 진행됐습니다.

해안 수색의 방법은 이렇습니다. 납작한 원통 모양의 컨테이너에 비둘기 세 마리가 밖을 보도록 120도 간격으로 앉힙니다. 컨테이너를 헬리콥터 바닥에 부착합니다. 비둘기들은 납작 앉은 자세로 묶여 바다를 내려다 보다가, 주황색 물체를 발견하면 버튼을 쫍니다. 그러면 조종석 제어 패널에 표시등이 켜지고 이를 확인한 인간 대원들이 방향을 잡아 해당 지역을 집중적으로 탐색합니다.

훈련을 받은 비둘기들은 정말로, 사람보다 나았습니다. 훈련용으로 준비된 목표물 외에도 비슷한 색깔의 쓰레기나 서핑보드까지 찾아냈죠. 비둘기와 인간 대원을 테스트해 비교해 봤더니, 비둘기는 인간을 압도했습니다. 인간 대원의 탐지 확률이 평균 38%에 그친 데 비해 비둘기는 90%에 달했던 거죠. 게다가 대부분의 경우에 인간 대원보다 먼저 목표물을 발견했습니다. 테스트가 진행되는 시간 동안 인간 대원들은 지쳐갔지만, 비둘기들은 지치지 않았고 내내 경계를 늦추지도 않았습니다.

그러나 정말 안타깝게도, 이렇게 2년 여의 훈련을 거쳐 투입된 1979년의 프로젝트의 첫 실전 현장은 비극으로 마무리됩니다. 수색 중 연료가 급격히 떨어져 불시착한 헬리콥터 안에서 비둘기 세 마리가 모두 그대로 숨을 거둔 것입니다. 인간 대원 4명은 비상착륙 과정에서 부상 없이 탈출했지만, 컨테이너에 고정되어 있던 비둘기들은 제때 빠져나오지 못했습니다. 그럼에도 프로젝트는 상당히 성공적이라는 평가를 받았고, 이후로 이어졌습니다. 하지만 곧 비둘기를 능가하는 탐지 기술들이 하나씩 개발되었고, 비둘기 수색은 사람들의 기억에서 서서히 잊혀갔습니다.

⑤ 희생된 비둘기를 위해

　전서구가 한창 활약을 했던 제2차 세계대전으로 다시 돌아가 보겠습니다. 참전국들은 각종 무기와 군사기술 개발에 총력을 기울이고 있었습니다. 미국 또한 공격의 정확도를 높이고자 펠리컨Pelican이라 불리는 글라이더형 유도폭탄을 개발하는 중이었지요. 활공 비행을 하며 목표물을 타격하는 방식인데, 날개를 원격으로 조종하는 방법을 찾는 것이 핵심 과제였습니다.

　비둘기에게 탁구를 가르쳤던 스키너가 이번에는 '비둘기에게 조종을 맡기자'고 제안합니다. 그가 생각한 방법은 이렇습니다. 우선 비둘기에게 목표물을 쪼도록 훈련을 시킵니다. 이제 다들 예상하실 텐데, 적국의 선박 사진 같은 것이 되겠지요. 그리고 비둘기를 유도폭탄인 펠리컨 앞부분에 태웁니다. 비둘기는 훈련을 받은 대로 창 너머에 보이는 목표물을 쫄 것이고, 연결된 장치를 통해 그 방향으로 날개가 조향 되도록 하자는 겁니다.

잠깐, 그럼 비둘기는 어떻게 되나요? 목표물에 떨어진 펠리컨과 같이 '자폭'하는 겁니다. 어떻게 이런 끔찍한 생각을 할 수 있나 싶겠지만, 사실 전쟁에서 동물을 공격 수단으로 사용하는 것은 없었던 일이 아닙니다.

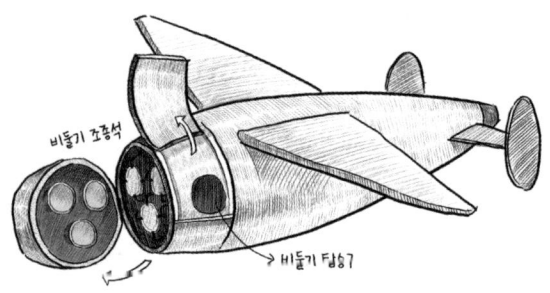

글라이더형 유도폭탄 펠리컨에 비둘기 조종석을 장착한 모습. 비둘기 세 마리의 머리가 움직이는 방향대로 날개를 조절한다. 비둘기 머리에 직접 기계장치를 연결하는 것이 초기 아이디어였고, 그다음 구현되었던 것은 비둘기가 쪼는 패널에 밸브를 연결해서 방향에 따라 공기 유입량을 바꿔 가는 방식이었다. 또 그다음에는 비둘기 부리 끝에 전도체를 달아서 화면을 쪼면 전기 신호에 따라 경로를 수정하도록 했다. 오늘날 우리가 흔히 사용하는 터치스크린의 초기 버전인 셈이다.

같은 시기 소련에서는 대전차견anti-tank dog이라는 이름으로 폭발물을 두른 개를 독일군 전차 아래로 기어가도록 훈련 시켰습니다. 또 미군은 소이탄燒夷彈, 화재나 고열로 살상하는 폭탄을 부착한 박쥐 천여 마리를 한 번에 일본으로 내려보내는 프로젝트를 추진하기도 했죠. 새벽에 흩어져 습성대로 건물 처마나 구석에 자리를 잡은 박쥐들이 곳곳에서 동시다발로 화재를 일으킨다는 계획이었습니다. 사실 동물까지 갈 것도 없습니다. 패전의 벼랑 끝에 몰렸던 일본이 폭탄을 실은 비행기로 군함을 들이받아 자폭하는 신풍특별공격대(일본어 훈독인 카미카제カミカゼ로 널리 알려져 있고, 자폭 테러의 대명사처럼 쓰이고 있습니다.)를 운영했다는 건 이미 모두들 잘 알고 있는 사실입니다. 사람 목숨도 그렇게 다루는 판국에 그깟 비둘기의 목숨이 얼마나 대수로웠을까요?

　스키너의 아이디어는 1943년 국가의 지원 아래 프로젝트 피죤Project Pigeon이라는 이름으로 착수됩니다. 스키너는 비둘기들이 전쟁에서 임무를 수행할 수 있을지 파악하기 위해 실제와 유사한 상황에 노출시키는 테스트를 합니다. 비둘기 바로 옆에서 권총을 발사하고, 폭발물과 비숫한 밝기의 섬광을 비추며 비둘기들의 반응을 살폈죠. 원심분리기를 이용해서 높은 압력을 가하고 심한 진동을 주면서 동요 없이 목표물을 계속해서 쪼도록 훈련을 거듭했습니다. 공장에서 만든 제품이 극한 환경에서도 제대로 작동하고 안정성을 유지할 수 있는지 '품질'을 시험받는 것과 크게 다르지 않았는데요. 테스트는 제법 성과를 보였지만, 미국이 원자폭탄 개발과 같은 다른 프로젝트에 집중하기로 결정하면서 프로젝트는 1년이 채 되지 않아 지원이 중단되었고, 역사 속으로 사라졌습니다.

같은 해, 전쟁에서 죽어가는 동물들에게 시선을 옮긴 마리아 디킨Maria Dickin이라는 사람이 있었습니다. 영국에서 목사의 딸로 태어난 디킨은 빈민지역에서 사람들을 돕다가, 도움의 대상조차 되지 못하는 동물들의 존재를 발견하고 손을 내민 동물 복지의 선구자 같은 인물입니다. 디킨은 1917년 동물들을 위한 무료 진료소 PDSAPeople's Dispensary for Sick Animals를 설립하고, 1940년대 초까지 영국 전역에 50여 개로 진료소를 늘려 한 해에만 무려 7만 마리의 동물을 치료하고 돌봤습니다. 그리고 전쟁의 최전

선에 동원된 동물들의 공로를 기리기 위해 자신의 이름을 딴 '디킨 메달'을 만들었죠. 동물이 이 사회에서 핵심적인 역할을 하고 있고 또 그에 마땅한 지위를 가져야 함을 알리려는 목적이었습니다. 추락한 항공기의 소식을 알려 군인들을 구조하는 데에 기여한 영국 공군의 화이트 비전White Vision, 윙키Winkie, 타이크Tyke, George라고도 알려짐라는 세 마리 비둘기에게 첫 번째 디킨 메달이 주어졌습니다.

그런데 당시, 과연 비둘기가 디킨 메달의 대상이 될 수 있는지 의문을 제기한 관료가 있었다고 합니다. 비둘기는 귀소 '본능'에 따라 움직인 것일 뿐, 용맹함이나 헌신을 보였다고 하긴 어렵지 않냐는 것이 그의 주장이었는데요. 그는 비둘기에게 메달이 수여된다면 오히려 '뇌를 쓰는 것'을 배운 개의 입장에서 매우 불공평하다는 의견을 덧붙였습니다. 당시는 조류의 뇌에 대한 지식이 부족했던 때였고, 비둘기 역시 높은 수준의 지적 활동을 할 정도로 발달한 존재가 아니라고 여겨졌으니 그런 의견이 있을 법하다고 이해할 수도 있겠습니다. 하지만 한편으로는 비둘기를 얼마나 도구적으로 취급했는지가 여실히 드러난 발언이라고도 할 수 있겠지요.

그러나 그의 주장이 일견 옳게 들리기도 합니다. 비둘기는 습성대로 집으로 돌아간 것일 뿐, '군인들의 목숨을 살리기 위해 메시지를 전해야 한다'는 의도와 목적을 갖고 날아간 것은 아니니까요. 조국을 향한 충성심에 사명감을 갖고, 두려움을 버리며, 죽음을 무릅쓰고 전장에 뛰어든 것은 더더욱 아니겠지요. 비둘기로서 행동하는 비둘기에게 목적을 부여한 것, 그 쓰임대로 태어나게 하고 기르고 이용한 것은 모두 인간의 결정일 뿐입니다. 그렇게 쓰인 동물들의 희생과 헌신을 기리려는 것 또한 마찬가지로 인간이 만들어낸 일일 뿐이고요.

제1, 2차 세계대전 동안 이용된 비둘기가 모두 몇 마리인지는 정확하게 알려지지 않았습니다만, 여러 기록을 보면 두 차례의 전쟁에서 각각 10만 마리에서 20만 마리의 비둘기가 동원되었던 것으로 보입니다. 이들 중 상당수는 전시에 목숨을 잃었고, 부상을 입었습니다. 살아남은 비둘기 중 일부는 전쟁 후 돌봄을 받으며 번식용으로, 또 일부는 전쟁의 참상과 의미를 전하는 일종의 마스코트 역할로 쓰였지만, 대부분은 어떻게 되었는지 모릅니다. 직접적으로 쓰이지 않았던 비둘기들도 마찬가지입니다. 1957년 미국이 비둘기 통신 부대를 폐쇄하면서 남아 있던 약 1천 마리의 비둘기를 한 쌍에 5달러씩 민간인에게 판매했다는 기록이 있습니다. 그렇게라도 비둘기들이 여생을 보냈다면 다행이겠지만, 이미 '쓰임'이 사라진 이후에 그들이 적절한 보살핌을 받았을 것이라 기대하기는 어렵습니다.

인간은 비둘기뿐 아니라 코끼리, 말, 낙타, 당나귀, 개 등 수많은 동물들을 전쟁에 동원해 왔습니다. 인간보다 뛰어난 감각과 신체를 가졌다는 이유로 말이죠. 인간이 동물을 도구로 사용한 것이 비단 전쟁 때만은 아니지만, 특히 자기 자신과 가족의 생존, 국가의 존폐가 결정될 상황에서 윤리나 규범은 쉬이 하찮아지고, '인간보다 못한 동물'은 더욱 쉽게 쓰이고 버려집니다. 두 차례의 세계대전을 비롯해, 지금까지 인류 역사에서 인간의 다툼에서만 얼마나 많은 동물이 인간의 마음대로 쓰이고 또 죽어갔는지 우리는 그 수를 절대 헤아릴 수 없을 겁니다.

지금까지 디킨 메달을 받은 동물은 비둘기 32마리를 비롯해 개 38마리, 말 4마리, 고양이 1마리로 총 75마리입니다. 이들은 동물의 희생을 대표하지만 다른 동물들보다 특별히 뛰어났기 때문에 메달을 걸 수 있었던 게 아닙니다. 과거 비둘기 수상에 의문을 던졌던 그 관료가 알지 못했던 것은 어쩌면 '비둘기가 얼마나 똑똑한 동물인지'가 아니라 우리 인간이 동물에게 디킨 메달과 같은 상을 주려는 이유, 그 의미와 가치 아니었을까요? 디킨 메달은 동물의 성과를 저울질하기 위한 것이 아닙니다. 메달을 수여하며 우리가 해야 할 일은 동물을 착취해 온 사건을 기억하고, 동물을 대하는 방식과 태도에 끊임없이 질문을 던지며 더 나은 길을 찾는 것입니다. 그것이 전쟁의 명분도 목적도 모른 채 목숨을 잃은 동물들에게 우리가 보여야 하는 최소한의 예의가 아닐까요?

오락동물
재미있어서 날리는 비둘기

1. 비둘기는 돌아오는 재주가 있다

 비둘기의 귀소 능력은 사람들에게 아주 재미있고 또 흥미로운 오락거리이기도 했습니다. 사람들은 비둘기가 얼마나 먼 곳에서 무사히 돌아올 수 있는지, 또 어떤 비둘기가 가장 빨리 돌아오는지를 겨루었죠. 이번 장은 비둘기 경주에 대한 이야기입니다.

 현대적인 형태의 비둘기 경주는 19세기 벨기에에서 시작됐습니다. 비둘기 경주가 큰 인기를 끌면서 벨기에 전역에 로프트loft라 불리는 비둘기 사육 장소가 1만 개 넘게 있었다고 합니다. 경주를 기획하고 참여하는 사람들의 모임인 비둘기 클럽도 거의 모든 마을에 있었습니다. 이들은 경주 코스와 상금 등을 결정하고 대회 운영과 관리도 맡

앉습니다. 동호회처럼 친목을 도모했던 것은 물론이고요.

문서로 기록되어 있는 역사상 첫 장거리 비둘기 경주도 벨기에에서 열렸습니다. 1818년에 열렸던 이 경주에서 비둘기들은 160km를 날아가야 했는데 당시 기술과 이동 수단을 고려하면 꽤 먼 거리였죠. 1820년에는 프랑스 파리에서 벨기에 리에주까지, 1823년에는 영국 런던에서 벨기에 안트베르펜까지 국경을 넘는 경주가 개최됐습니다.

비둘기 경주는 점차 주변국으로 퍼져 나갔고, 프랑스와 영국에서도 대중적인 오락으로 자리잡게 됩니다. 19세기 중반 유럽 전역에 전신이 도입되면서 쓰임을 잃은 전서구들이 일반 사람들에게 팔리기 시작한 것도 비둘기 경주가 인기를 끌게 된 요인 중 하나입니다. 사람들은 귀소 능력이 뛰어난 비둘기를 저렴하게 살 수 있었고, 경주에도 쉽게 참여할 수 있었죠. 특히 광산 노동자들 사이에서 비둘기 경주의 인기는 대단했습니다. 영국과 프랑스 광산 지역에 수천 개의 비둘기 클럽이 만들어졌고, 관련 협회가 조직되고 비둘기 경주 전문 저널이 창간되는 등 대회의 위상도 점점 높아졌습니다. 경주 참여를 위해 수십, 수백 만 마리의 비둘기와 사람들이 이동해야 했기 때문에 영국의 어느 지역에서는 경주 시즌에 맞춰 특별 열차편을 편성해야 했을 정도였다고 합니다. 이렇게 열렬한 인기에 힘입어 1900년 파리 올림픽에서는 비둘기 경주가 비공식 종목으로 채택됐습니다. 당시 총 6회 경기에 7천여 마리의 비둘기가 참여했다고 알려져 있습니다.

최초의 비둘기 경주가 열리고 200여 년이 지난 지금, 비둘기 경주는 여느 현대 스포츠 종목과 비견할 정도로 체계적으로 관리되고 있습니다. 벨기에 브뤼셀에 본부가 있는 국제비둘기연맹FCI, Fédération Colombophile Internationale을 국제기구로 두고 세계 각국의 협회가 조직적으로 움직입니다. 국제비둘기연맹은 경주 규칙을 표준화하고 국제 규모의 대회를 개최합니다. 현재도 종주국인 벨기에를 포함한 유럽은 물론, 북미, 중국과 대만, 중동 지역 등 세계 각지에서 크고 작은 비둘기 경주 대회가 열리고 있습니다. 2023년 한 해 동안 경주 비둘기 정보 플랫폼인 피파PIPA, Pigeon Paradise에 기록된 경기는 약 9,000건에 달합니다.

경기에 참여하는 비둘기들은 모두 경주 목적으로 번식되고 길러집니다. 비둘기 경주가 시작된 이후 많은 육종가가 귀소 능력과 비행 능력을 겸비한 품종으로 비둘기를 개량하는 데에 공을 들여왔습니다. 품종명에 호머Homer 또는 레이싱 호머Racing homer라는 이름이 붙은 비둘기는 경주 목적으로 특화된 종류입니다. 몸이 단단하고 날렵한 느낌은 있지만 특별히 외관상으로 눈에 띄는 점은 없고 우리 주변의 비둘기와 크게 다르지 않아 보이는데요. 하지만 속은 그렇지 않은 것이, 이 비둘기들은 근육이 매우 발달했고 폐와 심장 기능이 아주 뛰어나다고 합니다.

경기 성적이 좋은 비둘기는 철저하게 관리되고, 또 비싼 값에 팔립니다. 대부분 더이상 경기에 참여시키지 않고 번식용으로 혈통을 잇게 하죠. 경기 중에 괜히 다치고 부상을 입거나 길을 잃는 사고를 당하면 안 되니까요. 물론 경기력이 좋은 비둘기의 자손이 부모만큼 뛰어나다는 보장은 없습니다. 그래도 사람들은 타고난 유전적 능력을 기대하며 기꺼이 값을 지불합니다.

근래에 경주 비둘기 거래는 대부분 온라인 경매로 이뤄집니다. 대규모 박람회가 연례행사로 이곳저곳에서 열리기는 하지만, 전통적인 형태의 시장은 거의 사라졌습니다. 유럽에서 가장 오래되어 명성이 높은 벨기에의 리에르 비둘기 시장도 이제는 그 명맥을 유지하는 정도입니다. 요즘은 온라인 경매 플랫폼에서 어디서든 전 세계 비둘기의 사진과 정보를 확인하고 입찰에 참여할 수 있습니다. 비둘기의 경기 성적과 족보는 물론 부모, 형제자매의 기록, 심지어 어떤 경우에는 유전자 검사 자료까지 공개되어 있어, 입찰자는 이를 바탕으로 비둘기 값을 정합니다.

눈에 띄는 점은, 소개 자료에 꼭 비둘기 눈을 크게 확대한 사진이 포함되어 있다는 것입니다. 이는 비둘기 눈과 눈 주변의 피부 상태가 건강의 지표로 여겨지기 때문입니다. 동공의 경계가 뚜렷하고 홍채의 색이 선명한 눈, 눈 주변에 염증이 없는 깨끗한 상태가 좋은 것으로 간주됩니다. 동공의 크기나 모양이 시력 또는 비행 능력과 연관이 있다고 보는 입장도 있는데요. 홍채의 색이 빨갛고 선명할수록 단거리 경주에 유리하다는 말도 있습니다. 하지만 아직까지 비둘기 눈과 비행 능력 간의 연관성이 과학적으로 밝혀진 바는 없습니다. 비둘기에 대한 과학적 지식이 없던 시절, 눈으로 가치를 평가하고 가늠하려고 했던 오래된 관행 정도로 보면 될 것 같습니다.

경주용 비둘기의 가격은 수십만 원에서 수천만 원까지, 혈통이 좋은 비둘기는 수억 원에 이를 만큼 천차만별입니다. 역대 가장 비싸게 팔린 뉴 킴New Kim이라는 암컷 비둘기는 2020년에 경매를 통해 160만 유로, 당시 환율로 우리나라 돈 20억 원에 팔렸습니다. 비둘기 한 마리 값이 웬만한 집 한 채보다 더 나간다니, 이 뉴스를 접한 사람들은 '우리 동네 비둘기랑 똑같이 생겼는데 무슨 소리냐', '나도 비둘기 잡아다가 집 살 수 있냐'는 반응을 보였죠.

뉴 킴은 전설적인 챔피언 비둘기 카스보어Kaasboer의 후손입니다. 카스보어는 2004년 수차례 우승을 한 후 여러 마리의 암컷들과 짝짓기를 하며 많은 자손을 남겼는데요. 카스보어의 3세, 4세 비둘기들도 크고 작은 대회에서 좋은 성적을 냈습니다. 이 정도로 대를 이어 뛰어난 비둘기가 배출된 경우는 드물었기에 카스보어의 명성은 지금까지도 회자되고 있습니다.

뉴 킴은 카스보어의 5세입니다. 뉴 킴의 엄마는 카스보어의 손녀와 카스보어의 손자 사이에서, 아빠는 카스보어의 손녀와 카스보어의 외손녀의 손자 사이에서 태어났습니다. 그러니까 뉴 킴의 친할머니와 친할아버지, 외할머니와 외할아버지 모두 카스보어의 피를 이어받은 비둘기라는 겁니다. 심지어 친할머니와 외할머니 둘은 자매 사이입니다. 족보를 따져보니, 막장드라마가 따로 없네요. 하지만 뉴 킴 집안만 이런 것은 아니고, 대부분의 경주 비둘기가 혈통을 유지하기 위해 이렇게 근친 번식을 합니다.

물론 전략적으로 다른 육종가와 협력해 뛰어난 비둘기끼리 교배를 시키기도 합니다. 경매 당시 뉴 킴 역시 다른 육종가의 수컷 비둘기들과 몇 차례 교배를 해서 후손을 남긴 상황이었습니다. 그들 모두 경기에서 좋은 성적을 내면서 또 다른 가문의 영광을 이어가고 있었지요.

사실 뉴 킴의 몸값이 유난히 높았던 것은 뉴 킴의 육종가가 은퇴를 선언했기 때문입니다. 그는 수십년 간 카스보어만큼 세계적인 명성을 얻었죠. 사람들은 뉴 킴을 비롯해 그에게 남아있던 비둘기들을 카스보어의 마지막 유산처럼 여겼습니다. 여기에, 중국에서 비둘기 경주가 부유한 사람들의 오락 산업으로 빠르게 성장한 것도 비싼 몸값의 또 다른 이유입니다. 비둘기 경주에 뛰어드는 사람들이 유럽에서 혈통 좋은 비둘기를 경쟁적으로 사들이면서 값이 올라간 것이죠. 뉴 킴도 경매 막판까지 두 명의 중국인이 경쟁적으로 입찰을 하면서 경매가가 천정부지로 치솟았습니다.

경매 이후 뉴 킴의 근황은 잘 알려져 있지 않지만, 아마 번식을 반복하고 있지 않을까요. 그것이 좋은 삶은 아니겠지만, 워낙 화제가 되었던 비둘기이니 극진한 대접을 받고 있을 거라 생각됩니다. 그렇게 태어난 뉴 킴의 자손이 언젠가 뉴 킴보다 더 비싼 값으로 거래되었다는 소식이 들려올 수도 있겠지요.

2 비둘기는 구르는 재주도 있다

비둘기 경주는 규모가 워낙 다양합니다. 한 경기에 수천 마리에서 많게는 수만 마리까지 참여하죠. 경주 거리는 대개 400~600km 선에서 경기가 열리는 지역의 여건에 맞게 정해집니다. 이보다 더 짧거나 긴 경우도 있고, 길면 1,000km가 넘기도 합니다. 거리나 기상 상황에 따라 차이는 있지만 비둘기들이 대략 시속 80km 정도로 날기에, 아침 일찍 시작한 경기는 이르면 점심 직후, 늦어도 어두워지기 전에는 마무리됩니다.

경주는 비둘기 나이에 따라 그룹을 나누어 진행합니다. 크게 영young, 이어링Yearlings, 올드old로 분류하죠. 비둘기들은 생후 약 6주부터 훈련을 시작하고, 6개월쯤 되었을 때 영 그룹으로 경기에 처음 참여합니다. 사람으로 치면 15세 전후, 청소년 시기라고 할 수 있겠습니다. 생후 1년부터 2년 사이의 비둘기들은 이어링 그룹, 2살이 넘어가면 올드 그룹입니다. 올드라고 이름이 붙어 있지만 사람 나이로 치면 20대 중반 정도로, 아직 한창 젊을 때입니다. 경주 비둘기들의 은퇴시기는 보통 3살에서 5살까지이며, 아주 드물게는 10살까지 경기력을 유지하는 비둘기도 있다고 합니다.

비둘기 경주의 규칙은 쉽고 간단합니다. 제일 빠른 비둘기가 이기는 것이죠. 그런데 문제가 있습니다. 여러 곳에서 사는 비둘기가 출전을 하다 보니 출발지는 같지만 도착지가 다 다르다는 것입니다. 아시다시피, 비둘기들은 각자 '자기 집'으로 돌아가니까요. 그럼 순위를 어떻게 정할까요? 비둘기가 날아간 거리(출발지에서 집까지 직선거리)를 소요 시간으로 나누어 평균 속력이 가장 높은 비둘기가 우승을 차지합니다. 그래서 자기 비둘기를 경주에 참여시킨 사람들은 경기 전날 비둘기를 출발지에 보내 놓고, 경주가 진행되는 동안에는 자기 집에서 비둘기가 도착하기를 기다립니다.

도착지가 다르다 보니 공정성을 확보하는 것이 매우 중요합니다. 혹여나 비둘기가 집에 도착한 시간을 속이는 사람이 있으면 안 되니까요. 여기에 디지털 기술이 활용됩니다. 교통카드나 도난 방지에 쓰이는 무선인식 기술입니다. 비둘기 다리에 태그tag가 삽입된 밴드를 채우고 비둘기장에는 판독기를 설치합니다. 비둘기가 판독기 근처를 지나가면 태그가 인식이 되면서 도착 시간이 자동으로 기록되도록 하는 것입니다. 아무리 일찍 도착을 했다 하더라도 태그가 인식되어야만 기록으로 인정되기 때문에, 경주 참여자들은 비둘기가 도착하자마자 판독기가 설치된 문을 통과하도록 연습을 시킵니다. 이렇게 기록된 경기 결과 데이터는 실시간으로 시스템에 수집되어 각자의 집에서 바로 확인할 수 있습니다.

과거에는 시간을 재기 위해 피죤 클락pigeon clock이라는 특수한 수동 시계를 사용했습니다. 피죤 클락은 시계가 달린 상자 형태로, 내부에 기계 장치와 종이가 있어서 비둘기 링을 넣고 레버를 돌려야만 시간이 기록됩니다. 자동으로 데이터가 취합되는 디지털 장비보다 아무래도 사용 방법이나 그에 따르는 대회 운영 절차가 번거롭지요.

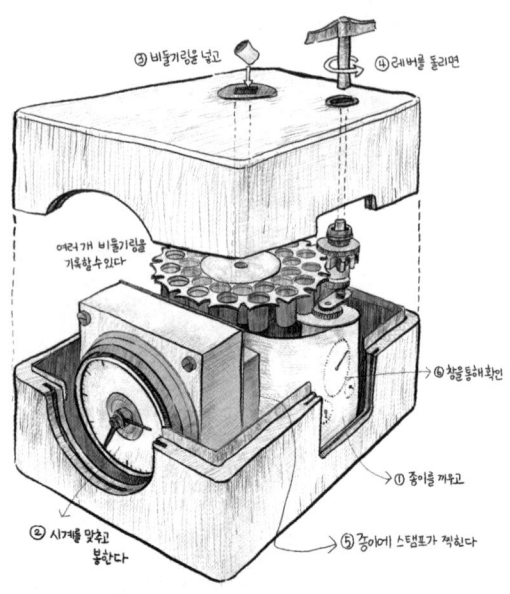

초기 피죤 클락의 구조와 작동 방법. 개선을 거듭하며 점차 크기가 작아지고 기록할 수 있는 비둘기의 수도 늘었다. 재질도 나무에서 금속, 플라스틱으로 바뀌었다.

경기 시작 전, 참여자들은 자신의 시계를 들고 출발점에 모여야 합니다. 주최 측에서는 시계를 조작했다는 등의 특이사항이 없는지 확인합니다. 그리고 시계를 모두 같은 시간으로 맞추고 봉인합니다. 비둘기 다리에는 고유 식별번호가 새겨진 링을 채웁니다. 이렇게 준비를 마치면 참여자들은 다같이 동시에 시계를 작동시키고, 각자 시계를 들고 집으로 돌아갑니다. 비둘기가 집에 도착하면 다리에서 링을 빼서 시계 슬롯에 넣고 레버를 돌려 시간을 기록합니다. 그렇게 경기가 끝나면 참여자들이 다시 한자리에 모여 각자의 시계를 열고 표시된 시간을 비교해 순위를 매깁니다. 지금으로서는 엄청 비효율적으로 보이지만 당시에는 기록을 신뢰할 수 있는 유일하고 또 획기적인 방법이었습니다.

요즘은 도착지가 동일한 원 로프트 경주 one-loft race가 인기를 끌고 있습니다. 말 그대로 같은 로프트에서 사는 비둘기끼리만 경기를 하는 것인데요. 모든 비둘기의 비행 경로가 동일하기 때문에 가장 공정하다고 볼 수 있죠. 이렇게 하려면 처음부터 비둘기가 한곳에서 모여 자라야 합니다. 그래서 경주 참여자는 대부분 비둘기를 소유만 할 뿐 직접 돌보지 않고 로프트에 맡깁니다. 대신 일정 금액의 입소비와 관리비를 로프트에 지불하죠. 달리 말하면, 비둘기 돌봄이나 훈련에 대한 지식과 경험이 없어도, 또 자기 집에 비둘기장을 가지고 있지 않아도, 돈만 내면 얼마든지 비둘기 경주에 참가할 수 있는 겁니다. 이러니 심지어는 자기 비둘기를 한 번도 보지 않고 경주에 참여하는 사람도 있습니다. 이동, 운송 등 관련된 모든 일들을 다른 사람에게 맡기고 비용만 치르는 것이죠.

또 다른 비둘기 경기 1.

'얼마나 오래 하늘을 나는지'를 경쟁하는 경기도 있습니다. 이 경기에는 지구력과 긴 비행에 특화해 개량한 티플러Tippler라는 품종을 이용합니다. 티플러는 10시간은 기본이고, 길게는 20시간을 넘게 쉬지 않고 하늘을 날 수 있습니다. 멀리 날아가지 않도록 훈련을 받아, 해가 뜰 때부터 질 때까지 땅 한번 밟지 않고 집 주변을 맴돕니다.

티플러 품종이 이렇게 날 수 있는 데에는 특별한 비밀이 있습니다. 이들은 날개 끝만 살짝 움직여서 비행에 필요한 에너지를 아주 적게, 효율적으로 사용합니다. 몸집이 레이싱 호머 품종보다 살짝 작은 편이어서 빠르게 날지는 못하지만 긴 시간을 나는 데에 부담이 덜합니다. 육상에서, 마라톤 선수들이 단거리 선수들에 비해 상대적으로 체격이 작은 걸 떠올려보면 쉽게 이해가 될 것 같습니다.

티플러 경기도 비둘기 경주와 비슷한 시기에 인기를

얻었습니다. 티플러는 1840년 경 영국에서 하나의 품종으로 자리를 잡았고, 캐나다를 거쳐 미국으로 퍼졌다고 알려져 있습니다. 비둘기 경주에 비해 준비 과정이 간단한 것도 인기 요인이었지요. 비둘기 경주는 출발지까지 이동을 해야 하지만, 티플러 경기는 그냥 살던 집에서 하늘로 출발하면 되니까요.

오늘날 티플러 경기는 공인된 심판의 참관 아래 여러 마리가 팀을 이뤄 진행됩니다. 한 팀의 수는 규정에 따라 조금씩 다르지만 최소 3마리, 많게는 15마리 정도입니다. 이들은 함께 날아올라 수시간 동안 집 주변을 맴돕니다. 이제 그만 내려오라고 신호를 보내기 전까지 말이죠.

또 다른 비둘기 경기 2.

우리말로 '공중제비 비둘기'라고도 불리는 롤러Roller와 텀블러Tumbler 그룹의 품종들은 '구르는 실력'을 겨룹니다. 이들은 이름 그대로 비행 중 뒤구르기를 하듯 빙글 도는 행동을 보이는데요. 꽁지깃을 활짝 펴고 고개를 뒤로 젖히며 날갯짓을 하고선, 이내 동그라미를 그리며 휘리릭 한 바퀴 돌아 제자리로 돌아옵니다.

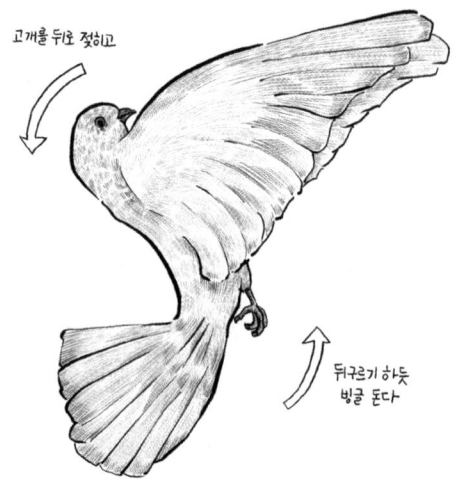

롤러, 텀블러 그룹 비둘기의 움직임. 허공에서 양 날개를 앞뒤로 세차게 흔들며 빙글 도는 모습은 여러 번을 봐도 좀처럼 익숙해지지 않는다.

    이 경기는 주로 10~20마리가 팀을 이루는 단체전으로 진행됩니다. 함께 무리를 지어서 하늘을 날다가 몇 마리 이상이 동시에 공중제비를 돌면 득점하는 방식인데요. 더 많은 수의 비둘기가 같이 돌면 더 높은 점수를 얻을 수 있습니다. 비행 방향과 속도를 유지하면서 빠르게, 깔끔하게, 균형을 잃지 않고 돌면 높은 '기술점수'를 받을 수 있습니다. 여기에 모양과 스타일에 대한 심판의 질적 평가를 반영한 '예술점수'를 더해 최종 점수를 매깁니다. 이처럼 팀 플레이가 중요하다 보니 팀원을 구성하는 것부터 전략을 잘 세워야 합니다. 비행 능력이 뛰어난 비둘기, 연달아 돌기를 잘하는 비둘기, 공중제비 동작에 군더더기가 없는 비둘기 등 비행 패턴과 성향에 맞는 '포지션'을 고려해 팀원을 선발하고 함께 훈련을 시킵니다.

'개인 경기'는 하늘이 아닌 땅에서 펼쳐집니다. 비둘기를 볼링공처럼 바닥에 굴려 어느 비둘기가 가장 멀리 가는지 겨룹니다. 현재 최고 기록이 200m 정도라고 하는데, 2000년대 초반 이후의 기록이 좀처럼 찾아지지 않는 걸 보면 최근에는 공식 경기가 잘 열리지 않는 것 같습니다.

비둘기를 굴린다는 데서 놀라고, 또 비둘기가 그렇게나 멀리 구른다는 사실에 놀라셨나요? 이 경기에 참여하는 비둘기는 대부분 스코틀랜드 출신의 팔러 롤러Parlor Roller라는 품종입니다. 이와 유사한 품종으로는 인도에서 개량된 로탄Lotan 또는 Lowtan도 있는데요. 이들을 통틀어 그라운드 텀블러Ground tumbler 또는 그라운드 롤러Ground roller라고 부릅니다.

이들은 구르는 움직임에만 집중해 개량되다 보니 비행 능력을 아예 상실했습니다. 바닥에서 날개를 퍼덕이며 데굴데굴 굴러가는 모습이 기괴해 보이기도 하고, 날려고 시도하다 곤두박질치는 것 같아 보이기도 합니다. 온라인 커뮤니티에서는 간혹 '잔혹한 인간'이나 '세상에서 가장 비참한 동물'이라는 제목이 붙어 언급되곤 하지요.

왜 이런 행동을 하는 걸까요? 답은 '모른다'입니다. 누구는 이 움직임이 처음 관찰된 것이 16세기 무렵이라고 하고, 그보다 앞선 기록이 있다고 하는 사람도 있습니다. 포식자의 공격을 빠르게 따돌리기 위한 본능적인 동작이라는 설명도 있고, 그냥 이상한 습관 같은 것이라는 말도 있습니다. 현대 연구에서는 근육 운동의 협응이 제대로 이뤄지지 않는 일종의 신경학적 결함으로 보는 견해도 있습니다. 한 연구에서 비둘기에게 항우울제를 투여해 세로토닌을 증가시켰더니 더이상 구르는 행동을 하지 않았다고 합니다. 어쨌든 확실한 것은 이 평범하지 않은 움직임이 어느 때인가 비둘기에게서 나타났고, 이후 인간이 이것을 강화하는 쪽으로 여러 세대를 거쳐 번식시키고 훈련시키면서 지금에 이르렀다는 것입니다.

3 동물을 가지고 하는 주사위 놀음

 1997년 6월 29일, 영국의 비둘기경주협회 100주년을 기념해 6만 마리의 비둘기가 참여하는 큰 비둘기 경주가 열렸습니다. 프랑스 낭뜨에서 출발해 700km를 날아 영국으로 돌아가는 경로였죠. 경기는 오전 6시 30분에 시작되었고 예상대로라면 이른 오후에 마무리될 것이었습니다. 그런데 한참 시간이 지나도 비둘기들이 도착하지 않았고, 사람들은 혼란에 빠졌습니다. 그 후 며칠에 걸쳐 수천 마리는 집에 도착했지만, 그보다 훨씬 많은 비둘기들이 영영 돌아오지 못했습니다.

 도대체 무슨 일이 있었던 걸까요? 몇 년 후, 지질학자 존 해그스트럼John Hagstrum은 비둘기가 저주파를 통해 길을 찾는다는 실험 결과를 발표하면서, 이 사건의 원인으로 초음속 여객기를 지목했습니다. 당시 파리에서 미국 뉴욕으로 향하던 초음속 여객기가 오전 11시경, 마침 영국해협을 건너던 비둘기 위로 지나갔다는 계산이었지요. 시간이 기가 막히게 맞물린 바람에, 초음속 여객기로 인해 큰 파동이 발생했고 비둘기들이 방향 감각을 잃으며 엄청난 혼란을 겪었을 것이라고 예측했습니다.

이 일은 지금까지 '비둘기 경주 대참사'로 거론될 만큼 매우 이례적인 경우입니다. 그러나, 사실 비둘기가 경기를 제대로 마치지 못하는 게 그리 드문 일은 아닙니다. 국제 동물권 단체 페타PETA, People for the Ethical Treatment of Animals는 2012년, 15개월 간의 잠입 조사 결과 평균적으로 미국 비둘기 경주에 참여한 비둘기 중 60%가 집으로 돌아오지 못한다고 폭로했습니다. 경주 주최 측에서는 사실이 아니라는 입장을 냈지만, 그래서 어느 정도의 비둘기가 무사히 경기를 마치는지 정확한 숫자는 들을 수 없었습니다.

비둘기는 경기 중에 안개나 강풍, 폭우 등 기상 변화로 길을 잃기도 하고, 예상치 못한 장애물에 부딪혀 부상을 입기도 합니다. 매나 독수리, 까마귀, 갈매기, 너구리, 고양이 같은 포식자에게 공격을 당하기도 하고요. 장거리 비행을 견디지 못하고 피로와 탈진으로 조난되는 경우도 있습니다. 무리를 지어 사는 비둘기는 홀로 낙오되면 살아남기 어렵습니다. 특히 평생 사람의 손에서 자란 어린 경주 비둘기들은 자연에서 살아가는 생존 기술을 배운 적이 없지요. 아주 아주 운이 좋아서 야생 비둘기 무리에 동화되지 않는 이상, 대부분 목숨을 잃고 맙니다. 심지어는 경주에 참여하기도 전인 출발지까지 옮겨지는 도중에 죽는 경우도 있습니다.

그래서 비둘기 경주가 비윤리적이라고 지적하면, 옹호하는 이들은 바로 반박합니다. 비둘기들이 경주에 잘 적응할 수 있도록 체계적으로 훈련을 시키고 있고, 비둘기들의 상태를 고려해 경기를 운영하고 있다고 말이죠. 물론 경기에 최소한의 윤리 규정은 있습니다. '출발지까지 이동할 때 쓰는 케이지 크기가 얼마 이상이어야 한다', '경주 거리에 따라 경기 시작 전 반드시 얼마의 휴식시간을 가져야 한다'와 같은 내용입니다. 경기를 하기에 날씨가 좋을 때에만 진행해야 하고, 기상 악화의 우려가 있을 때에는 경주 거리를 짧게 변경하도록 하고 있습니다. 그들은 무엇보다 비둘기의 건강과 안전이 최우선이라고 말합니다.

하지만 거액의 상금과 배당금이 오가는 곳에서 비둘기가 온전히 소중한 생명으로 여겨질 거라 기대하는 건 순진한 생각입니다. 경주용 비둘기는 오로지 경주를 목적으로 선택되고 길러집니다. 성적이 기대에 못 미치는 비둘기, 부상을 입거나 나이가 들어 경기력이 떨어진 비둘기는 더이상 키울 필요가 없습니다. 사육에 드는 비용과 노력 이상의 경제적 이익을 가져다주지 못하는 비둘기는 곧 죽임을 당합니다.

태어나자마자, 심지어 태어나기 전부터 이미 그 저울질은 시작됩니다. 건강 상태가 좋지 못하거나 경주 비둘기로서 자랄 싹수가 보이지 않는다면 바로 제거 대상이 되지요. '다리가 가늘다', '깃털이 늦게 자란다' 등등 여러 기준들이 있습니다. 알 상태가 부적합한 것도 마찬가지입니다. 건강하지 않은 알을 품는 것은 효율이 떨어지기에 가능한 빨리 알을 없애고 다시 새 알을 낳게 합니다. 그렇게 처리되는 비둘기 중 일부는 고기용이나 사냥 훈련용으로 판매된다고 알려져 있습니다. 요즘은 비둘기를 죽이지 않고 다른 용도로 재분양하는 문화를 장려하고 있다고 하지만, 얼마나 많은 비둘기를 어디로 어떻게 보내고 있는지 구체적인 설명은 찾아볼 수 없습니다. 결코 어느 누구도 '비둘기를 죽이는 관행이 사라졌다'고 자신 있게 말할 수 없을 겁니다.

비둘기 경주는 이제 소소한 여가 활동이 아닌 하나의 산업입니다. 비둘기를 번식시키고 판매하는 육종가, 큰돈을 기대하며 투자하는 소유자, 비둘기를 기르고 관리하는 로프트 운영자, 상금과 배당금을 노리고 경주에 베팅하는 사람들이 저마다의 경제적 목적으로 엮여 있습니다. 특히 원 로프트 경주가 인기를 끌고, 비둘기를 소유하는 사람과 기르는 사람이 분리되면서 이런 경향이 더 심해진 듯합니다. 로프트는 비둘기 소유자가 내는 위탁관리비와 참가비, 사람들이 경기에 베팅하는 돈으로 규모를 키웁니다. 입소한 비둘기가 많을수록 경기를 더 크게 열 수 있고, 경기가 흥행할수록 베팅 금액이 늘어나니 비둘기 소유자를 더 많이 유치하려고 합니다. 이런 것들이 과열되다 보니 비둘기 경주에서 불법 도박이 벌어지기도 하고, 경주 비둘기의 약물 복용 문제가 언론에 오르내리기도 합니다. 사람들의 욕망이 많은 것을 왜곡시키고 있는 것이죠.

2024년 7월, 영국 국왕 찰스 3세가 비둘기 경주에 대한 후원을 거부했다는 기사가 나왔습니다. 비둘기 경주는 150년의 전통으로 이어져 온 영국 왕실의 오랜 취미입니다. 빅토리아 여왕부터 엘리자베스 2세 여왕까지 세대를 걸쳐 경주를 즐겨왔고, 왕실에서는 큼직한 비둘기장도 운영하고 있지요. 페타는 "비둘기 경주 산업과 관계를 끊고, 왕실 비둘기장을 새 생츄어리Sanctuary, 동물이 평생 습성대로 살 수 있도록 보호하는 곳로 전환하라"며 영국 왕실을 계속 압박하고 있습니다. 이번 결정이 변화의 신호탄이긴 하나, '전통문화의 보존'을 이야기하는 사람들과의 갈등은 한동안 계속될 것 같습니다.

동물을 이용하는 오락과 스포츠는 인간과 동물의 관계에서 자연스럽게 시작됐습니다. 경마는 말을 이동수단으로 삼으면서 등장한 오락거리입니다. 말 타는 연습도 할 겸 내기를 하면서 즐기던 것이 그 처음이었겠죠. 이제는 너무나 잔인해 보이는 투우 역시 과거에는 소를 다루고 제압하는 기술을 갖춘다는 측면에서 필요한 일이었을 겁니다. 우리나라의 소싸움은 농한기에 소의 체력을 다지기 위해 생각해 낸 놀이였을 것이고, 사실 자연 상태에서 소끼리 싸우는 것은 그리 이상한 일도 아니긴 합니다. 아마 비둘기 경주도 그럴 겁니다. 비둘기를 키우고 훈련시키면서 뛰어나게 발현된 특정 능력을 자연스럽게 선보이다가 지금까지 온 것이겠죠.

오늘날 인간의 삶과 사회에서 살아있는 동물의 자리는 점점 사라지고 있습니다. 그러나 인간이 동물을 즐길 거리로 이용하는 모습은 배경도 맥락도 없이 그 형태만이 남아 전해지고 또 변해가고 있습니다. 경마는 도박처럼 사행성 산업으로 변질되었고, 투우는 공연 형식을 갖춘 쇼 비즈니스가 되었습니다. 소싸움 또한 농촌의 지역 활성화를 기대하며 육성하는 관광 콘텐츠 중 하나지요. 인간은 더이상 말을 타고 이동하거나 비둘기로 소식을 전하지 않습니다. 전통과 문화라는 미명으로, 경제적 이익과 한순간의 유희를 목적으로 동물을 교배시키고 개량하고 사육하고 소비할 뿐입니다.

비둘기 경주를 통해서 사람들이 느끼는 비둘기와의 정서적 유대감을 완전히 부정할 수는 없습니다. 비둘기의 비행은 그 자체로 경이로운 자연이고, 인간이 그 능력을 관찰하고 그것을 활용하는 것은 서로를 알아가고 함께 살아가는 하나의 방식입니다. 하지만 이런 말로 오늘날 인간과 동물의 관계를 합리화하기에는 우리 인간이 동물을 대하는 행동과 태도가 너무 오만하고 때로 잔인합니다.

인간은 즐거움을 위해 동물을 이용하는 것에 거리낌이 없고, 그들의 삶과 죽음을 생명과는 무관한 경제 논리로 결정하고 있습니다. 우리는 인간의 이런 행동과 태도를 돌아봐야 합니다. 이는 동물들이 입는 피해 여부나 상해 정도와는 아무 관계가 없습니다. 고통을 모른다고 해서, 고통을 주지 않는다고 해서 동물을 오락의 대상으로 삼는 것이 정당화될 수는 없습니다. 동물을 가지고 노는 것이, 동물들끼리 싸우는 모습을 보는 것이 재미있으신가요? 인간은 동물을 통해서 무엇을 즐기고 싶은 걸까요?

반려동물
예뻐서 키우는 비둘기

1. 우리집 비둘기 귀여워

 주변을 보면, 동물을 키우는 사람이 많습니다. 특히 요즘 들어 더욱, 우리 사회에 반려동물이 많아졌다는 걸 새삼 느낍니다. 예전에는 애완동물이라는 표현을 썼지만, 동물을 소유물이 아닌 동반자의 관계로 바라보는 관점이 자리잡으면서 이제 반려동물이라는 단어가 그 이름표를 완전히 대체한 것 같습니다.

 반려동물이라고 하면 가장 먼저 떠오르는 건, 역시 개와 고양이입니다. 그러나 종 그 자체만으로 동물의 쓰임과 목적을 구분할 수 없기에 처음부터 인간의 반려동물로 정해진 동물은 없습니다. 어느 동물이든지 누군가 동반자로 여긴다면 그 동물은 그 사람의 반려동물이 되는 거죠.

반려동물은 특별한 존재입니다. 사람들은 먹고 소비하는 동물들과는 완전히 다른 감정과 태도로 그들을 대합니다. 때로는 가족이자 친구보다 더, 그 이상으로 애정과 관심을 쏟는 대상이기도 하지요. 사람들은 반려동물에게 돈을 쓰는 것을 주저하지 않고, 반려동물에 맞춰 자신의 생활 방식을 완전히 바꾸기도 합니다.

실용적 목적과 무관하게 동물을 돌보는 문화는 이전에도 있었습니다. 다만, 근대 초기까지는 주로 왕실과 귀족과 같은 소수의 특권 계층의 과시 수단에 가까웠지요. 평범한 사람들, 일반 백성들은 생존과 생계에 여유도 없는데 별 이득이 되지 않는 동물을 돌보느라 자신의 시간이나 노력을 들이지 않았습니다. 그럴 여력도 없었을 것이고, 그럴 생각도 하지 않았을 겁니다. 이에 반해, 특권층은 동물을 키우고 돌보며 자신을 돋보이게 했고, 부와 권력을 자랑했습니다. 그들은 자신이 소유한 동물에게 가장 좋은 것을 먹였고, 그 동물을 화려하게 치장하기도 했습니다. 또 흔히 볼 수 없는 희귀한 야생동물을 구해 와서 곁에 데리고 있기도 했습니다.

새도 이런 동물이었습니다. 다만 관상조觀賞鳥라는 표

현이 있듯이 자연물로서 눈으로 바라보는 대상에 더 가까웠지요. 사람들은 새들의 총천연색 깃털과 노랫소리의 아름다움을 감상하고 즐겼습니다. 공작, 카나리아, 앵무 종류 같은 새가 좋은 예가 될 것입니다.

그럼 비둘기는 어땠을까요? 거무칙칙한 회색 몸과 깃털, 절대로 꾀꼬리 같다고 할 수 없는 울음소리, 앞서 소개한 화려하고 예쁜 새들과 비교하면 비둘기의 첫인상에 끌리는 사람들은 별로 없었을 것 같습니다. 하지만, 오래 보아서 사랑스러운 걸까요. 비둘기는 일찍부터 가축화되어 인간 가까이에서 지내왔기에 비둘기에게 익숙하고 친숙한 매력을 느낀 사람들이 있었습니다. 16세기에서 17세기 무렵 비둘기를 사육하는 문화가 조금씩 생겨났고, 비둘기의 아름다움과 특징을 살려 다양한 관상용 비둘기 품종이 개발되기 시작했지요. 그리고 18세기를 거쳐 19세기에 많은 사람들이 동물을 기르기 시작하면서 유럽 각국에서 비둘기 품종 개량 열풍이 불었습니다.

여기서 잠깐, 본격적으로 품종 비둘기를 소개하기 전에 우리나라의 비둘기 이야기를 하려고 합니다. 먼저 국내에서 볼 수 있는 비둘기 종류를 알아보겠습니다.

집비둘기 말고 가장 흔한 비둘기는 멧비둘기입니다. (산비둘기라고도 합니다.) 멀리서 들려오는 "구욱-구욱-구구-"하는 울음소리의 주인공이죠. 멧비둘기는 연한 회갈색에, 주황빛이 살짝 도는 날개, 목덜미의 줄무늬가 특징인데요. 집비둘기와 과^科는 같지만 속^屬은 다른 꽤 먼 친척입니다. 둘은 생김새만큼이나 습성에서도 큰 차이를 보입니다. 멧비둘기는 무리를 지어 다니지 않고 주로 산과 들, 나무에서 사는데 요즘에는 도심에서도 어렵지 않게 볼 수 있습니다. 옛날부터 워낙 흔했던 새라 귀하게 여겨진 적은 없었습니다.

집비둘기와 가까운 쪽은 양비둘기입니다. 낭비둘기, 굴비둘기라고도 불리는데 생김새가 집비둘기와 거의 비슷하나, 꽁지깃의 흰색 줄무늬와 날개이 검은 줄무늬가 선명한 것이 특징입니다. 습성도 비슷해서 해안가나 강가 절벽, 섬, 산골짜기 등지에 터를 짓고 삽니다. 전라남도 구례군 화엄사에 수십 마리의 개체군이 남아있는 것으로 알려져 있는데, 역시 집비둘기와 유사하게 처마 밑에 둥지를 틀고 사는 걸 볼 수 있습니다. 이렇게 서식지가 겹치다 보니, 양비둘기는 더 번식력이 좋고 몸집도 큰 집비둘기에게 밀려 개체수가 크게 줄었고, 2017년 멸종위기 야생생물로 지정됐습니다. 집비둘기와 양비둘기가 교배해 잡종화된 것도 종보전의 차원에서는 문제가 된다고 합니다.

이외에 희귀한 비둘기로 제주도와 울릉도 등에서 서식한다고 알려진 흑비둘기가 있습니다. 이름 그대로 온몸이 까맣지만, 목덜미 부분만 초록빛과 보랏빛을 띱니다.

우리나라의 비둘기 사육에 대한 기록은 고려시대까지 거슬러 가지만, 당시에 길들였던 비둘기는 한반도 토착종인 멧비둘기나 양비둘기였을 것이라는 의견에 무게가 실립니다. 바위비둘기의 후손인 '오늘날의 집비둘기'가 유입되고, 사육하기 시작한 건 조선 후기 무렵입니다.

당시 비둘기 사육에 대한 이야기는 실학자 유득공이 쓴 《발합경鵓鴿經》에 자세히 담겨 있습니다. 발합경은 미국 버클리대학교 동아시아도서관 아사미문고(일제강점기 법무관을 지낸 아사미 린타로淺見倫太郎가 수집한 우리나라 고문헌 컬렉션으로, 1950년 버클리대학교에 팔렸습니다.)에 소장된 필사본을 통해 2000년대에 들어서야 알려진 글입니다. 여기서

'발합'은 토착종 야생 비둘기를 뜻하는 '구鳩'와 구분해 쓴 집비둘기를 뜻하는 한자어입니다.

유득공은 비둘기의 품종, 습성, 사육 방법 등을 9개 장으로 나누어 상세하게 썼습니다. 상품上品으로 구분되는 비둘기로 묵오黙烏, 전백全白, 승僧, 전항백纏項白, 자단紫段, 검은층黔隱層, 자허두紫虛頭, 흑허두黑虛頭 8종을 들고 있는데, 한자를 들여다보면 깃털의 색깔로 구분했음을 알 수 있습니다. 이외에도 머리 깃이 긴 긴고두緊高頭, 부리가 길고 큰 장돌이長突伊, 머리 깃이 산처럼 솟은 모외模外 등 외형에 따른 별칭도 언급합니다. 각 품종에 따라 좋은 비둘기의 기준도 소개하고 있는데, 예를 들어 머리와 가슴 부분이 자주색인 자허두는 몸집이 큰 것이 좋고 자주색이 어깨 부분까지 내려와서는 안 된다고 설명합니다.

비둘기의 습성을 묘사한 부분도 흥미롭습니다. '갠 날을 좋아한다. 날이 흐리면 집에 틀어박혀 날지 않는다', '물을 마시거나 모이를 쫄 적엔 거의 엎어질 것 같다', '장난칠 때는 꼬리를 흔들며 털을 헝클고 아래 위를 보면서 운다'는 등의 내용을 보면, 유득공이 비둘기에 얼마나 애정을 가지고 관찰하고 기록했는지가 느껴집니다.

발합경에는 당시 화려했던 비둘기장인 합각鴿閣에 대한 설명도 있습니다. 8칸짜리 큰 비둘기장을 용대장龍隊藏이라고 불렀는데, 8종의 상품 비둘기를 모두 모아 각 칸마다 기르는 것이 비둘기 수집의 완성이었던 듯합니다. 비둘기 사육에 열심이었던 사람들은 비싼 비둘기를 모으는 것에 그치지 않았습니다. 수집가들이 으레 그렇듯이, 비둘기장을 돋보이게 하기 위해 그림을 그리고 장식을 했는데, 그 모습을 〈태평성시도太平城市圖〉를 통해 엿볼 수 있습니다. 당대 사람들의 생활상을 그려낸 8폭의 병풍 그림 한편에 6칸짜리 비둘기장이 그려져 있는데요. 단청이 그려진 아치형 입구, 망으로 만든 문을 보면 당시 사람들이 비둘기장을 꾸미는 데 상당히 정성을 들인 것으로 보입니다.

하지만 이런 비둘기 사육이 주류 문화로 크게 자리잡지는 못한 것 같습니다. 비싼 돈을 들여 비둘기를 사고 기르는 것이 사치스럽고 의미 없는 일이라는 비판도 있었던 것 같고요. 하지만 유득공과 그의 아들 유본학은 비둘기를 애지중지 키웠던 것 같습니다. 아래는 유본학이 쓴 〈발합부鵓鴿賦〉의 일부인데, 비둘기를 아끼며 길렀던 그의 마음이 잘 드러나네요.

"어찌 새들의 많은 무리 중에서
집 비둘기 새장에서 길러 키우나.
어지러이 뒤섞인 채색의 깃털
순수하고 귀한 자질 몸도 길쭉해."

"사람 봐도 의심을 품지 않으니
길들여 책상 맡에 부를 수 있네.
이것을 먹여 길러 마음이 기뻐지니
어찌 무익하다 말을 하리오."

"시장에서 사다가 품에 안고 돌아오니
값 또한 비싸지만 아깝지 않네.
아침에 풀어놓고 저녁엔 거두나니
그 화려한 자태는 오래 되었지.
옛 사람은 너를 비노飛奴라고 불렀거니
나 또한 편지를 네 편에 부치려네.
진실로 능히 불러 방울로 장식하매
동산 속 붉은 매와 경쟁을 하는구나."

〈태평성시도〉에 그려진 비둘기장. 《발합경》에 소개된 온 몸이 하얀 전백, 꼬리와 정수리 부분이 까만 묵오, 머리부터 목과 가슴이 까만 흑허두 등 다양한 색의 비둘기가 묘사되어 있는 점도 흥미롭다.

현재 우리나라에도 '반려조'로 비둘기를 기르는 사람들이 있습니다. 다만 그 수가 적어서인지 품종의 종류가 그리 많지 않은데요. 하지만 해외로 눈을 돌리면 전 세계 곳곳에 엄청나게 많은 비둘기 품종이 있습니다. 널리 알려진 것만 세어도 수백 가지에 이르고, 유럽가금류및토끼사육가협회EE, Entente Européenne d'Aviculture et de Cuniculture에서는 유럽 각 국가가 인정하는 품종을 모아 무려 천 개가 넘는 비둘기 품종 표준을 관리하고 있습니다. 여기에는 고기를 얻기 위한 품종인 킹 피죤King Pigeon은 물론 메시지 전달과 비둘기 경주를 위한 품종도 포함되지만, 대부분이 관상 목적으로 특이한 외형으로 개량된 품종입니다.

품종 비둘기는 쓰임과 목적에 따라 특정 형질이 도드라지거나 없어지도록 선택적으로 교배됩니다. 이런 과정에서 일종의 변종이 생겨난 것으로, 변이된 모습이 너무나 생소하고 기이해서 어느 품종은 비둘기라는 것이 도저히 믿기지 않을 정도입니다. 지금 우리 눈에는 이상해 보이지만, 수백 년 전 누군가에게는 이런 모습이 아주 멋지게 보였겠지요. 반려동물로 길러지는 '품종 비둘기' 몇 종류를 소개해 보겠습니다.

파우터Pouter와 크로퍼Cropper

SNS에서 화제가 되었던 비둘기가 있습니다. 몸의 3분의 1을 차지하는 긴 다리와 발끝까지 덮인 새하얀 털, 머리가 거의 파묻힐 정도로 크게 부푼 목, 또 왠지 불안해 보이는 뒤뚱대는 걸음걸이까지, 이 비둘기는 우리가 알고 있는 것과는 그 모습이 너무나 달랐습니다. 이에 '정말 비둘기가 맞느냐', '닭에 더 가깝다', '기괴하다'는 반응부터 'AI로 생성된 이미지', '환경오염으로 나타난 기형'이라는 댓글도 보였습니다.

영상 속 비둘기는 파우터 그룹에서도 가장 유명한 '잉글리시 파우터'입니다. 파우터는 모이주머니가 크게 부풀어 있는 것이 특징으로, 몸통을 추켜 세운 자세 때문인지 키가 상당히 크고 몸집도 다른 품종에 비해 큰 편입니다. 모이주머니를 가리키는 영어 단어 크롭^{crop}에서 따와 크로퍼라 이름이 붙은 종류들도 있는데요. 크로퍼를 파우터의 하위 그룹으로 분류하기도 하지만 둘을 동일한 유형으로 봐도 무방합니다.

팬테일Fantail

우리나라에서 가장 흔한 품종 비둘기는 '공작비둘기'로 알려진 팬테일입니다. 다양한 색상의 품종들이 있는데 우리나라에는 주로 흰색 팬테일이 많습니다. 한 쌍에 몇만 원, 여러 마리를 한 번에 구매하면 마리 당 몇천 원이면 구할 수 있을 정도로 저렴하게 거래됩니다.

대표적인 외형으로 묘사했지만 각 그룹 안에도 조금씩 다른 모습, 다양한 색상의 품종이 있다. 주로 유래한 지역에서 이름을 따 온다. 예를 들어 파우터/크로퍼 그룹에 잉글리시 파우터, 더치 크로퍼, … 팬테일 그룹에 인디언 팬테일, 아메리칸 팬테일, 타이 팬테일, … 같은 식이다. 기준은 다르겠지만 개 품종인 '테리어' 종류에 요크셔 테리어, 스코티시 테리어, 노리치 테리어, … 등이 있는 것과 비슷하다고 볼 수 있지 않을까.

팬테일은 그 이름처럼 꼬리가 부채 모양입니다. 다른 비둘기들도 하늘을 날 때에는 꽁지깃이 부채꼴로 펴지긴 하지만, 팬테일은 평상시에도 그 모양을 유지합니다. 꽁지깃이 풍성하면서 길고, 수직으로 세워져 있습니다. 수컷 공작새가 깃털을 활짝 펼친 모습과 유사합니다.

팬테일 중에는 가슴이 부푼 모습으로 개량된 품종도 있습니다. 가슴과 배를 앞으로 내밀고 머리를 뒤로 젖힌 모습으로, 목이 꺾이다 못해 몸통에 머리가 거의 파묻혀 있는 듯해 보입니다. 과연 저 상태로 제대로 앞을 볼 수나 있을까 의문이 들 정도입니다.

오울Owl과 프릴Frill

오울은 둥근 얼굴과 큰 눈, 아래로 말려 들어간 듯한 짧은 부리가 올빼미의 모습과 비슷하다고 해서 붙인 이름입니다. 이중 몇 품종이 국내에 들어와 '앵무비둘기'로 불리는데, 앵무와 같이 부리가 짤막해서 붙은 이름이라고 합니다. 영어로는 '올빼미'인데 우리에게는 친숙한 '앵무'로 이름이 바뀐 때문일까요, 오울은 우리나라에서 쉽게 볼 수 있는 흔한 품종 비둘기 중 하나입니다.

이들의 또 다른 특징은 목 쪽의 깃털 일부가 뻗쳐 있다는 것입니다. 멱살이라도 잡힌 듯 가슴 쪽 깃털이 세워져 있는 경우가 가장 많고, 머리 깃털이 볏처럼 바짝 선 품종도 있습니다. 목 전체 깃털이 뻗친 종류도 있는데, 이런 깃털의 특징에 집중해 프릴옷 가장자리에 주름을 잡아 만든 장식이라고 이름을 붙였습니다. 통상적으로 프릴은 오울과 구분하지만 외형이 유사해 하나의 범주로 보기도 합니다.

자코뱅 Jacobin

프릴보다 목덜미 깃털이 풍성합니다. 주름진 깃을 높이 세운 르네상스 시대의 드레스를 입은 것처럼 보이기도 하고, 털이 북실북실한 목도리를 두른 것 같기도 합니다.

자코뱅이라는 이름은 13세기와 14세기에 걸쳐 지어진 프랑스의 '자코뱅 수도원'에서 유래되었다고 알려져 있습니다. 목덜미 깃털이 카울 Cowl이라는 모자가 달린 수도자 의복과 유사해 보여서라고 합니다. 화려한 외형의 비둘기 이름을 청빈한 삶을 강조하는 도미니코회 수도자들의 모습에서 따 왔다는 게 왠지 재미있네요.

2. 비둘기, 비둘기, 비둘기, 다 같은 비둘기

품종 비둘기는 이외에도 정말 많습니다. 온몸의 깃털이 바글바글 말린 프릴백Frillback, 긴 깃털이 발을 덮고 있는 트럼페터Trumpeter, 동그란 몸과 깃털 색으로 펭귄 비둘기라고도 불리는 라호르Lahore 등 이들은 단순히 깃털의 색이나 길이가 다른 게 아니라 골격부터 전체적인 비율, 몸집의 크기, 부리의 길이까지 조금씩 다 다릅니다. 세상에 이렇게 비둘기 품종이 많고 다양하다니, 참 놀랍지만 사실 우리 주변의 개 몇 마리만 떠올려 봐도 그리 놀랄 일이 아닙니다. 점박이 달마시안과 갈색 미니 푸들, 코가 납작하고 주름진 퍼그와 우리나라의 진돗개가 다 같은 '개'라는 게 더 이상하지 않으신가요?

이렇게 품종이 다양한 비둘기는 19세기 초중반, 자연선택을 통한 진화론을 발전시키고 있던 찰스 다윈Charles Darwin에게 매우 흥미롭게 보였나 봅니다. 당시는 비둘기를 사육하는 문화가 매우 활발했고 비둘기 육종 기술 또한 정점에 달했던 때입니다. 사람들은 동물의 한 종이 변이할 수 있는 정도가 그리 크지 않다고 봤고, 생김새가 판이한 여러 품종의 비둘기들이 각각 별개의 종이라고 생각한 사람들도 많았습니다.

하지만 다윈의 생각은 달랐습니다. 다윈은 이 모든 비둘기 품종이 하나의 종, 바위비둘기에게서 나왔다고 확신했습니다. 그리고 자신의 생각, 진화론을 뒷받침하기 위해 비둘기를 집중적으로 연구하기로 마음을 먹습니다. 다윈은 비둘기장을 마련하고 비둘기들을 몽땅 사 모으기 시작했습니다. 비둘기 클럽에 가입해 정보를 구하고, 살아있는 비둘기가 없는 경우에는 표본이나 박제를 얻어 오기도 했지요. 그렇게 모은 비둘기들을 분석하고 교배시키면서 연구를 진행했습니다. 각 비둘기 품종의 특징을 면밀히 관찰하고, 두개골과 부리, 척추, 날개와 다리 등 각 부분이 야생의 바위비둘기와 얼마나 차이가 있는지, 각 부분의 변이 간에 어떤 상관관계가 있는지 분석하면서 비둘기 품종의 분류 체계를 만들어 나갔습니다.

다양한 비둘기 품종이 하나의 종에서 유래했다는 다윈의 주장에는 몇 가지 근거가 있었습니다. 가장 간단히 설명할 수 있는 부분은 여러 품종의 비둘기가 서로 교배를 했고, 그렇게 태어난 새끼 비둘기 또한 생식 능력이 있다는 사실이었습니다. 생식 능력을 지닌 자손을 낳을 수 있다는 것은 종을 구분할 수 있는 명확한 기준입니다.

또 다른 중요한 근거 중 하나는 이러한 비둘기들의 특성을 지닌 야생 종이 세상 어디에도 존재하지 않는다는 것이었습니다. 만약 이 비둘기들이 각기 다른 종이라면 이들의 조상 비둘기가 야생 어딘가에 있어야 할 텐데 관찰되지 않았고, 기록 하나 없이 멸종되었을 가능성은 너무 낮았습니다. 여러 종의 비둘기들이 각기 다른 경로로 가축화됐다는 가정 역시 크게 설득력이 없다고 보았습니다.

무엇보다 다윈은 이 비둘기들간에 공통점이 많다는 데에서 자신의 생각을 굳혔습니다. 무리를 짓는 사회적인 성격이나 나무에 둥지를 틀지 않는 습성 등이 야생 바위비둘기와 유사했고, 겉모습 또한 주요 차이점만 제외하면 바위비둘기와 비슷했습니다. 다윈은 이 정도의 변이는 인위선택의 결과로 충분히 설명할 수 있다고 보았습니다.

다윈은 비둘기를 통해 격세 유전reversion을 실험하기도 했습니다. 복귀, 회귀라고도 하는 이 현상은 부모 세대에서는 나타나지 않았던 조상의 유전적 성질이 다시 나타나는 것을 말합니다. 다윈은 다른 품종끼리 교배했을 때 바위비둘기와 유사한 갈색과 청색 깃털, 날개 무늬를 가진 새끼가 공통적으로 태어난다며, 이것이 바로 그 현상이라고 설명했습니다. 이는 모든 비둘기들이 공통 조상인 바위비둘기로부터 파생되었다는 강력한 증거이기도 했습니다.

다윈은 비둘기 품종이 만들어지게 되는 과정을 이렇게 설명합니다. 맨 처음, 어느 한 비둘기에게서 의도하지 않은 작은 변이가 발생합니다. 육종가가 그것을 발견하고 특화하기로 결정합니다. 육종가는 자신의 의도대로 비둘기를 교배시키고, 이 과정에서 매우 사소했던 차이가 세대를 걸쳐 축적됩니다. 그렇게 점차 초기의 모습은 사라지고, 특정한 특징이 뚜렷한 품종이 만들어집니다. 이때 의도하지 않았던 부분에서도 변이가 발생하는데요. 예를 들어 비둘기 발을 작게 하려고 했는데 부리도 짧아진다거나,

몸 길이가 길어지면서 꼬리뼈 개수도 늘어나는 식입니다. 그렇게 해서 어디에서도 볼 수 없었던 독특한 모습이 만들어지는 것이죠.

다윈 시대에 열렬했던 비둘기의 인기는 사라졌지만, 진화 생물학계에서 비둘기는 독특한 위치를 차지하고 있습니다. 다윈의 역작 《종의 기원》을 이야기할 때 비둘기 이야기가 빠지지 않고, 몇몇 연구자들은 다윈의 발자취를 따르면서도 현대적인 방법으로 비둘기의 품종과 변이를 연구하고 있습니다. 다윈의 비둘기 품종 분류 체계로 유전자 구조를 비교하기도 하고, 여러 품종의 게놈 지도를 그리며 어느 DNA 영역에서 변이가 발생하는지 살펴보는 연구가 이뤄지고 있습니다.

도브Dove와 피죤Pigeon

이쯤에서 흰 비둘기에 대한 이야기를 하려고 합니다. 말 그대로 몸 전체가 하얀색인 비둘기 말입니다. 사람들은 흰 비둘기를 특별하게 생각합니다. 보통 회색으로 떠오르는 비둘기들과 다르게, 뭔가 깨끗하고 순수하고 온유하다

느낌을 받나 봅니다. 그래서인지 흰 비둘기는 평화와 사랑의 상징이자, 기독교에서는 성령의 의미로 여기지요. 영어 단어에서도 흰 비둘기는 도브, 그 외의 비둘기는 피죤으로 둘을 구분해서 부릅니다.

하지만 흰 비둘기도 여느 비둘기와 다를 게 없는 비둘기 중 하나입니다. 흰 비둘기는 그저 멜라닌 색소를 생성하지 못하거나, 생성했더라도 발현하지 못한 비둘기입니다. 확률은 낮지만 자연상태에서 얼마든지 나타날 수 있는 변이입니다. 비둘기 깃털의 색과 패턴은 정말 다양한데 사람들이 흰 비둘기만 골라 교배시키고 따로 모아 기르니, 마치 원래부터 흰 비둘기 종이 따로 있는 것처럼 보이는 것이죠. 자세히 보면, 드물지만 길거리 비둘기 중에도 흰 비둘기가 있습니다. 완전히 하얗지는 않더라도 꼬리나 머리, 몸통 일부가 하얀 비둘기들도 있고요.

북미나 영국에는 예식 때 흰 비둘기를 날리는 풍습이 남아있습니다. 결혼식에서는 부부의 행복한 삶과 평화로운 새 출발을 기원하는 의미로, 장례식에서는 고인의 영혼이 자유롭게 날아 천국에 가 닿기를 바라는 마음으로 비둘기를 날립니다. 결혼식에서는 부부가 한 마리씩 한 쌍을 날리는 경우가 많고, 장례식에서는 삼위일체의 상징으로 비둘기 세 마리를 풀어 주거나 고인의 나이에 마리 수를 맞추기도 합니다. 이밖에도 생일이나 졸업식 등 각종 기념일과 행사에서 세리머니 중 하나로 비둘기를 날립니다. 이런 행사에 비둘기를 대여해 주는 전문 업체들도 어렵지 않게 찾을 수 있지요.

이런 관행에 문제를 제기하는 사람들도 있습니다. 비둘기 경주와 비슷하게, 날려 보낸 비둘기가 모두 무사히 집으로 돌아온다고 보장할 수 없기 때문입니다. 특히 흰 비둘기는 그 색깔 탓에 포식자의 눈에 더 잘 띄고 혼자 돌아다니면 공격을 받을 가능성도 더 큽니다. 다른 비둘기에 비해 생존 확률이 더 떨어질 수밖에 없지요. 열심히 귀소 훈련을 시키는 양심적인 전문 업체를 이용했다면 그나마 다행이지만, 오직 행사만을 위해 흰 비둘기를 사 와서 날렸다면 문제가 생깁니다. 귀소 훈련을 제대로 받지 못한 비둘기들은 돌아갈 곳을 잃게 될 것이고, 심지어 그중에는 식용이나 반려동물용으로 번식된 비둘기가 섞여 있을 수도 있습니다. 그런 비둘기들은 애초에 귀소 능력도 생존

기술도 없으니, 그냥 무방비 상태로 야생에 던져지게 되는 것이지요.

다소 황당하면서 안타까운 사건이 실제로 있었습니다. 바티칸에서는 매년 1월 마지막 미사 후 한 쌍의 흰 비둘기를 날리는 의식을 진행했습니다. 때는 2014년, 그 해에도 어김없이 프란치스코 교황과 어린이 두 명이 함께 창밖으로 비둘기를 날렸죠. 그런데 날아오른 비둘기를 향해 까마귀와 갈매기가 달려들었고, 두 마리 비둘기가 속수무책으로 공격을 당하는 모습을 광장에 모여있던 수만 명의 사람들이 목격하고 말았습니다. 특히 비둘기를 날린 두 어린이가 충격이 크지 않았을까요. 공격을 받은 비둘기들이 어떻게 되었는지는 알려지지 않았습니다. 이후 이 의식을 폐지해야 한다는 목소리가 높아졌고, 이듬해에는 비둘기 대신 하얀색 풍선을 날렸습니다.

3 동물은 저마다의 방식으로 버려진다

흰 비둘기를 날리는 관행을 강하게 비판하는 사람들은 '비둘기를 날리는 것은 치와와를 야생에 두고 혼자 살아남기를 기대하는 것과 같다'고 말합니다. 조금 자극적으로 들릴 만한 표현이지만, 새장 속에서 태어나 사람의 손에 자란 비둘기는 야생동물이 아니며 사람의 도움 없이 생존하기 어려운 존재라는 의미로 이해하면 그리 과장된 말도 아닙니다. 비둘기니까 자유롭게 날아다니는 것이 좋을 것이고 또 잘 살아갈 것이라는 생각은 그저 사람들의 막연한 믿음일 뿐입니다.

해외에는 이렇게 야생에 던져져 위기에 놓인 비둘기를 전문으로 구조하는 단체들이 있습니다. 유기견이나 유기

묘 구조 단체들과 하는 일은 동일한데 그 대상이 개, 고양이가 아니라 비둘기라고 보면 됩니다.

구조가 필요한 비둘기들은 대부분 손으로 바로 잡아도 될 만큼 기진맥진하거나 부상을 입어 날기 어려운 상태라 구조 자체가 어렵지는 않다고 합니다. 비둘기가 어느 정도 움직이는 상태라면 포획틀을 설치하는 방법도 있습니다. 그렇게 구조된 비둘기가 단순 탈수나 영양실조 상태라면 금방 회복하겠지만, 때로 아주 긴 치료가 필요하기도 합니다. 차에 치이거나 포식자에게 공격을 당해 목숨이 위태로운 경우도 드물지 않고요. 단체에서는 이런 비둘기를 치료하고, 돌봅니다. 건강을 되찾으면 남은 여생을 함께 할 가족을 찾아 입양을 보냅니다.

구조되는 비둘기는 그 종류가 다양한데요. 길 잃은 경주 비둘기와 흰 비둘기, 식용 목적의 사육 농장에서 탈출했을 것으로 추정되는 비둘기, 또 누군가의 반려동물이었을 것으로 보이는 품종 비둘기 등이 있습니다. 특히 품종 비둘기는 자연 상태에서는 보기 힘든 극단적인 특성을 지니고 있어 생존이 더 어렵습니다. 보호자의 변심으로 유기되거나 품종 기준에 맞지 않아 버려진 것이라면 꼼짝없이 보호소에 머물 처지가 됩니다. 다행인 경우는, 오직 보호자가 실수로 비둘기를 잃어버렸을 때입니다. 이런 경우에는 다리에 채워진 인식표를 통해 보호자를 찾을 수 있고, 비둘기는 집으로 돌아가게 됩니다.

마찬가지로 경주 비둘기의 소유자를 찾는 건 '가능한' 일입니다. 경기에 참여하려면 필수로 인식표와 태그를 착용해야 하기 때문입니다. 경주 비둘기를 기르는 사람들은 비둘기가 태어난 지 일주일 정도 되었을 때 고유 식별번호가 새겨진 링을 다리에 채우는데, 여기에 소속된 클럽 코드가 적혀 있어서 이를 통해 소유자를 찾을 수 있습니다. 하지만 대부분의 비둘기 구조 단체들은 '소유자를 찾지 않는다'는 방침을 취하고 있습니다. 비둘기가 소유자에게 돌아가더라도 죽임을 당하거나 다른 곳에 팔려 처분되기 때문입니다. 구조된 경주 비둘기들은 대부분 경기 중 낙오되거나 부상을 입은 비둘기이고, 소유자에게 이들은 더이상 효용 가치가 없습니다. 실제로 소유자와 연락이 닿아도 '집으로 알아서 돌아갈 테니 그냥 풀어놓으라'고 할 뿐, 적극적으로 비둘기를 찾아 가려는 사람은 없다고 단체들은 말합니다. 한 담당자는 '구조 단체들이 경주 비둘기 소유자를 찾으려는 노력을 하지 않는다'는 지적에 '그들이 비둘기를 돌려받을 자격이 있다고 생각하는 사람들은 그들에게 연락해서 비둘기가 어떻게 고통을 받으며 죽었는지 설명하고, 비둘기 치료 비용을 지불할 의사가 있는지 물어보라'며 강하게 반박합니다. 모든 경주 비둘기 소유자가 낙오된 비둘기의 안위에 관심이 없다고 단언할 수는 없지만, 너그럽게 생각해 보려고 해도, 이미 경기력이 떨어진 비둘기를 다시 찾아서 돈을 들여 치료하고 돌보려는 소유자가 많을 것 같지는 않습니다.

비둘기 구조 단체들은 '새를 키우고 싶다면 비둘기를 입양하라'고 적극적으로 홍보합니다. 이름과 추정 나이, 성별, 구조 사연, 사람에게 얼마나 친화적인지 등을 하나하나 알리면서 입양처를 찾기 위해 애를 씁니다. 비둘기들은 보통 아주 어릴 때부터 경주나 행사에 쓰이기 때문에 구조되는 비둘기들은 대체로 어립니다. 각종 사고 등으로 도시에서의 비둘기 수명은 3년에서 5년 정도라고 알려져 있지만, 입양이 이루어진다면 10년이 넘는 기대수명만큼 인간 가족과 함께 여생을 보낼 수 있습니다.

비둘기 '해외 입양'을 알아볼 사람은 없을 것 같지만,

그래도 단체들을 대신해 잠깐 반려동물로서 비둘기의 매력을 피력해 보자면, 우선 비둘기는 사회적인 동물입니다. 함께 사는 사람들을 무리의 구성원으로 받아들이고 실내생활에도 잘 적응합니다. 지능이 높아 보호자를 알아보는 건 물론이고, 의사를 파악할 수 있으니 훈련도 가능하죠. 전반적으로 유순한 편이고, 다른 새들에 비해 부리가 부드러운 편이어서 혹시 물리더라도 크게 아프지 않습니다. 주변에 이웃들이 많다면 울음소리가 작다는 것도 큰 장점이 되겠네요. 그리고 가만히 보면, 꽤 귀엽습니다.

해외 SNS에서는 종종 새 가족을 만난 비둘기들을 볼 수 있습니다. 비둘기들은 여느 반려동물처럼 사람들과 놀고 먹고 자면서 평범한 일상을 보냅니다. 물론 이렇게 비둘기들이 좋은 가족을 만나는 것도 중요하지만, 그보다 우선되어야 할 것은 구조가 필요한 비둘기들이 생기지 않도록 하는 것입니다. 2023년 10월 뉴욕시의회에서는 새를 날리는 것, 또 그 목적으로 새를 사거나 키우는 것을 금지하는 법안이 발의되기도 했습니다. 행사 때 비둘기를 날리는 관행을 정확하게 지목한 것이죠. 또 독일에서도 행사에서 비둘기를 날리는 의식을 금지하는 법안이 논의되고 있습니다. 아무래도 최근 염색된 비둘기가 해외에서 연달아 발견된 것이 여론과 의회에 영향을 주었을 것으로 봅니다. 뉴욕 매디슨 스퀘어 공원 근처에서 발견되었던 분홍색 비둘기는 심각한 탈수와 부상으로 결국 세상을 떠났는데요. 이 비둘기를 포획해 조사한 관련 기관에서는 비둘기가 젠더 리빌 파티Gender reveal party, 임신한 아기의 성별을 공개하는 파티로 남자 아기는 파란색, 여자 아기는 분홍색으로 표시한다를 위해 염색됐을 것이라고 판단했습니다. 동물을 염색하는 그 자체도 동물에게 유해하지만, 그 상태로 야생에 내보내는 것은 동물을 더 큰 위험에 빠뜨리는 행위입니다.

위와 같은 움직임이 있긴 하나, 비둘기를 날리는 관행이 남아있는 대부분의 나라에서는 이를 '동물 유기'로 여기지 않습니다. 반대로 생각하면, 이런 관점이 관행이 유지되는 이유가 되겠죠. 집에서 번식시키고 기른 동물을 아무 망설임이나 거리낌 없이 집밖으로 날려 보낸다니, 만약 다른 동물이라면 가능한 일일까요? 비둘기가 집으로 잘 돌아갈 거라는 믿음이 있어서, 또 자연에서 잘 살아갈 것이라는 막연한 생각에 그런지는 모르겠지만 어쨌든 확실한 건, 사람 손에서 길러진 비둘기가 집밖에서 살아남을 가능성은 우리의 기대보다 훨씬 낮다는 것입니다. 특히 인간의 입맛에 맞춰 왜곡된 형태와 습성을 가진 품종 비둘기라면 더욱 희박하지요.

    동물을 버리는 것만이 문제가 아니고 방치하는 것, 무관심이나 안일한 태도로 동물을 위험에 빠뜨리는 것도 분명 잘못된 행동이라는 사실을 다시 한번 곱씹게 됩니다. 이렇게 인간이 만들어낸 동물들, 심지어 인간의 의도로 본래 모습마저 잃은 이들을 안전하게 보호하려는 최소한의 책임조차 다하지 못하고 있는데, 어떻게 더 나아가 동물과의 공존에 대해 이야기할 수 있을까요?

야생동물
알아서 잘 사는 비둘기

1. 닭둘기 이전의 비둘기

 비둘기를 길들인 이후 지금까지 사람들은 먹기 위해, 소식을 전하기 위해, 즐거움을 위해, 또 예뻐서 비둘기를 번식시켰습니다. 그렇게 늘어난 비둘기가 몇 마리인지 알 수 있을까요? 세어 볼 엄두조차 나지 않지만, 그 숫자가 자연 상태에서는 절대 도달할 수 없었을 것이라는 확신이 듭니다. 오늘날 전 세계 거의 모든 국가와 도시에서 비둘기가 살고 있고, 당연히 대한민국도 예외는 아닙니다.

 우리나라에 비둘기가 본격적으로 들어오기 시작한 건 약 100년 전, 일제강점기인 1920년대로 당시 일본을 통해서 해외에서 개량된 많은 수의 전서구가 우리나라로 들어왔습니다. 이들은 군용으로 사용된 것은 물론, 관청에서 정보를 전달하는 역할로 쓰였습니다. 1931년 조선총독부 체신국은 비둘기 30마리를 훈련시켜 인천관측소에서 여의도공항으로 기상 정보를 전달하는 데에 사용했고, 섬이나 등대에서 육지까지 정보를 전하는 목적으로 비둘기 100마리가량을 들여 오기도 했습니다. 경찰관서에서도 겨울철 전선과 전화 고장을 대비해 비둘기를 배치했고, 만주국으로 향하는 열차에 만일의 사고를 대비해 군견과 비둘기를 태워 보내기도 했죠.

1927년에는 국내 언론사 중 최초로 동아일보가 군에서 전서구를 이양 받아 '비둘기 통신'을 도입했습니다. 지금은 미술관과 박물관으로 운영되고 있는 광화문 앞 구사옥 옥상에 비둘기장이 있었습니다. 지방으로 출장을 가는 기자들은 비둘기와 함께 이동했지요. 조선일보도 1936년 전국명산 순례 일환으로 백두산을 방문할 때 비둘기를 데려갔다고 하는데요. 비둘기가 서울까지 날아왔던 건 아니었고, 근처 함경북도 지국까지 한 시간 정도 날아 소식을 옮긴 다음, 그 내용을 전화로 본사에 전했습니다.

당시 전서구가 보편적인 통신 수단이 아니었기 때문인지, 사람들이 전서구를 멧비둘기로 착각하고 잡는 일이 꽤 빈번했다고 합니다. 기상 정보를 제때 전달해야 하는 체신국 입장에서는 비둘기가 죽는 일이 연달아 생기자, 신문 지면에 '전서구 구명원'을 내고 사람들에게 주의해 달라고 애원하다시피 요청한 일도 있었습니다. 또 비둘기가 맹금류의 공격을 받는 일도 적지 않아서, 부상을 입은 비둘기를 신고하면 50전, 비둘기를 보호한 후 직접 데리고 오면 1원의 사례금을 주겠다고 공고하기도 했는데요. 당시 일반 서민의 하루 일당이 50전이 채 안 되는 수준이었으니, 사례금이 꽤 큰돈이었지요.

'평화의 상징'으로 행사 때마다 비둘기를 날리기 시작한 것도 이 무렵입니다. 신문에서 찾을 수 있는 최초의 기록은 1927년에 열린 연희전문학교와 와세다대학교의 친선 축구경기입니다. 동아일보에서 비둘기를 준비했는데, 전서구를 도입하고 4개월쯤 지났을 무렵의 '데뷔 무대'였기에 영 불안했던지 일부는 군에서 기르던 비둘기를 동원했습니다. 경기 시작 전 양 팀의 선수들이 비둘기 한 마리씩을 들고 나와 하늘로 날렸죠. 이듬해 전조선여자정구대회에서도 이와 비슷한 방식으로 각 출전팀의 주장들이 비둘기를 날렸습니다.

이렇게 몇 마리씩 날리던 일이 점점 규모가 커져서, 언제부터인가 많은 수의 비둘기를 날리는 것이 '필수 코스'로 자리잡게 됩니다. 행사를 화려하게 장식하는 목적으로 비둘기 떼에 꽃가루와 풍선도 함께 날려 다채로움을 더했지요. 잘 알려진 1988년 서울 올림픽과 1986년 서울 아시안게임을 비롯한 국제 행사, 대통령 취임식, 각종 체육대회 개막식, 국군의 날 행사, 어린이날 행사, 파월장병 환송식, 지하철 기공식, 프로야구 개막식, 백화점 개점식, ... 1990년대까지 온갖 행사마다 비둘기를 날렸습니다. 한 번에 수백 마리는 기본이었고, 국가 규모의 행사에서는 그 단위가 천 마리를 넘었지요. 전국체전에서는 거의 매해 1,000마리씩을, 13대에서 15대까지 노태우, 김영삼, 김대중 대통령 취임식에서는 각 대수에 맞춰 1,300마리, 1,400마리, 1,500마리를 날렸습니다. 대체 행사에 동원된 이 많은 비둘기들은 어디에서 온 걸까요?

서울시에서는 1950년대부터 '정서 함양'(신문기사에서 쓴 표현입니다.)을 목적으로 비둘기를 돌봤습니다. 시민들이 비둘기를 보면서 동물과 자연을 사랑하는 마음을 기를 수 있다는 취지에서였지요. 서울시청 옥상에 비둘기장을 짓고, 돌봄을 전담하는 직원도 두었습니다. 정확히 알 수는 없지만, 서울시청의 비둘기들은 군에서 기르던 전서구들이 역할을 잃은 뒤 자연스레 흘러오지 않았을까 합니다. 1965년에는 500마리, 1971년에는 1,000마리, 1986년에는 1,200마리의 비둘기가 시청 옥상에서 살았다고 합니다.

시청 앞 광장에 뿌려진 모이를 먹는 비둘기들

돌봄을 받는 비둘기들은 서울시청 옥상과 광장을 오가며 살았다. 그런데 비둘기만으로는 부족했는지 1976년에는 '한국적인 도시'를 위해 까치나 꿩도 기르라는 당시 구자춘 서울시장 지시가 있었고, 실제로 까치는 인공 포육을 하며 서울시청 옥상에서 잠시 비둘기와 같이 살기도 했다. 그러나 몇 년 채 되지 않아 까치 길들이기는 대실패로 끝났다.

서울어린이대공원도 비둘기를 사육하는 장소 중 하나였습니다. 어린이대공원에서 비둘기 600마리를 길렀다는 1976년도 기사가 있는 것으로 보아 아마 1973년 개원 당시부터 비둘기를 사육했을 것으로 보입니다. 1983년 창경원이 폐쇄될 때 그 안에서 기르던 비둘기 중 일부가 어린이대공원으로 옮겨졌다고도 하고요.

서울시는 이 비둘기들을 일명 '파출派出 비둘기'라고 부르며 각종 행사에 대여해 주었습니다. 비둘기를 신청하면 상자에 넣어 행사 장소까지 데려다 주었지요. 파출 비둘기에 대한 인기와 수요는 계속 높아져서 1980년대에는 연간 신청 건수가 50건을 넘었습니다. 하지만 모든 신청을 다 수용할 수 없어서 대규모 국제 행사나 범국민적인 행사에만 빌려주는 엄격한 기준을 적용했다고 합니다.

비둘기들을 구비할 수 없는 상황이나 그런 지역에서는 비둘기를 여러 방식으로 급조해야 했습니다. 아래는 1990년 청주상당공원 관리인 김성원 사육사를 취재한 기사 중 일부입니다. 김 사육사는 청주시 전국체전 개막식 때 날릴 비둘기 1,000마리를 마련하기 위해 20개월 동안 사육에 매달렸다고 합니다.

"1천여 마리 비상 보며 '비둘기 아빠' 흐뭇"

(동아일보 1990년 10월 16일) ……김씨가 전국체전을 위해 비둘기를 기르기 시작한 것은 지난해 2월. 2백 마리의 비둘기를 그동안 1천 마리로 불려 가느라 어려움이 컸다.

먹기도 많이 먹지만 배설물도 많아 사료를 마련하느라 이리 뛰고 저리 뛰다가 시간이 나면 비둘기가 더럽혀 놓은 공원을 청소하느라 바빴다.

비둘기에 사료를 주는 것은 하루 두 번. 아침 6시와 오후 3시에 시간을 맞춰 밀, 보리 등을 거둬 먹인다.

하루 10kg의 사료를 들여도 항상 모자라 '간식'을 마련하느라 쉴틈이 없었다는 것.

밤에는 들고양이가 출몰, 비둘기를 해쳐 잠을 설친 적도 한두 번이 아니다. 2년 가까이 비둘기에 매달리다 보니 마을에선 김씨에게 '비둘기 아빠'라는 애칭을 붙여 주기도 했다.

개회식이 열린 15일에도 새벽부터 수십 차례나 투망질로 비둘기를 잡아 35개의 나무상자에 넣느라 애를 먹었다는 김씨는 그동안 짜증도 많이 났지만 전국체전을 빛나게 해 준 비둘기들이 '새끼'처럼 고맙기도 하다고 밝게 웃었다.

이렇게 급히 번식시킬 여력마저 되지 않을 때에는 밖에서 살고 있는 비둘기를 잡아오기도 한 것 같습니다. 웃긴데 마냥 웃을 수만 없는 1992년도 기사가 하나 있습니다. 비둘기 떼로 몸살을 앓고 있던 부산항 양곡전용부두의 이야기인데요. 다른 지역에서 전국체전 개막식을 위해 부두 주변 비둘기 2,000여 마리를 잡아가서 한숨을 돌렸는데, 개막식이 끝난 오후 무렵 비둘기들이 모두 되돌아왔다며 관계자가 푸념을 했다는 내용입니다.

서울의 남산 주변은 비둘기가 모여 사는 지역 중 하나였습니다. 그리고 격변하는 근현대사와 함께 비둘기의 거처가 여러 번 바뀐 곳이기도 하지요. 8.15 광복 이후인 1956년, 일제가 만든 조선신궁 터에 이승만 대통령 동상이 세워졌고, 그 옆에서 비둘기를 길렀습니다. 동상을 보러 온 사람들은 비둘기들에게 모이를 주며 시간을 보내곤 했죠. 이를 관리하던 이의 이름은 박병철, 일제강점기 통신병으로 입대해 전서구를 담당하다가 해방 이후 군에 전서구 통신대를 신설하고 수많은 비둘기를 기르고 보급한 사람입니다.

하지만 곧 해당 부지가 국회의사당 건립 용지로 지정되면서 자리를 옮겨야 할 처지가 됩니다. 국회는 박병철에게 임시 부지로 현 용산도서관 자리를 제안했고 그렇게 비둘기들은 새 터전에 자리를 잡을 줄 알았는데요. 4.19 혁명으로 동상이 해체되며 기존 비둘기장이 버려지고 5.16 군사정변 과정에서 새 부지에 대한 갈등이 일어나며 비둘기들은 살 곳을 잃게 됩니다. 결국 비둘기장은 강제로 철거되었고 이 과정에서 비둘기 28마리가 죽기도 했습니다. 이 소식을 들은 주민들, 특히 어린이들이 안타까워하며 비둘기장을 다시 지어 달라고 성금을 모았고, 죽은 비둘기들을 위한 비석을 세우기도 했죠. 이러한 여론에 힘입어 박병철은 당시 용산세무서장을 직권남용 혐의로 고소하는 등 법적 공방까지 벌였습니다. 곧 남산야외음악당 근처에 비둘기장을 새로 짓는다는 계획 아래 일본에서 비둘기 150마리를 새로 들여오기도 했지만 진행은 더뎠고, 이 일은 서서히 사람들의 관심 밖으로 밀려났습니다.

이후 박정희 정부가 남산 일대 개발을 이어가던 1968년, 또 다른 사건이 일어납니다. 남산 자락에서 비둘기를 기르고 있던 한 주민이 개발 계획으로 비둘기장을 철거해야 할 상황에 놓이자, 비둘기를 기르고 있던 서울시에 기증 의사를 밝힙니다. 10년 동안 그곳에서 살았던 비둘기들은 남산공원을 방문하는 사람들에게 사랑받는 '남산의 명물'과 같은 존재였기에 김현옥 서울시장도 이를 수락했고, 서울시가 비둘기들을 맡아 기르기로 합니다. 하지만 이야기가 오간 지 3일만에 비둘기장으로 인부 수십 명이 몰려왔고, 비둘기장은 강제로 철거되었습니다. 집을 잃은 250마리의 비둘기는 그대로 흩어졌고 철거 과정에서 새끼 비둘기가 깔려 죽고 비둘기알 100개가 모두 깨지는 일까지 발생합니다. 비둘기를 돌보겠다는 약속은 당시 한 기사의 표현대로 그저 공약空約이었던 것이죠.

이렇게 남산 비둘기들에게 수난과 고초를 겪게 하고서는, 조금 어이없게도 다시 남산공원에서 비둘기들을 기르기 시작합니다. 대대적인 개발로 야생 조류가 줄어들사 비둘기로 그 '정취'(이것도 당시 신문기사에서 쓴 표현입니다.)를 채워 보려고 한 것입니다. 남산공원관리소는 1969년 서울시청에서 300마리를 받아와 개체 수를 늘리기 위해 열심히 번식을 시켰습니다. '앞으로 2년 후면 3천 마리로 늘어 장충, 팔각정까지 사라진 산새의 뒤를 이어 각박한 인심을 달래 주리라'고 하면서 말이죠. 그렇게 남산에 자리를 잡은 비둘기들은 평화의 상징으로, 또 자연의 아름다움을 느끼게 해주는 존재로 나름의 호시절을 보냅니다.

우리나라에서 비둘기 경주가 시작된 것도 이 무렵입니다. 비둘기 경주를 맨 처음 전파한 사람은 명지대학교 부총장을 지냈던 이양희 교수로, 파리 유학 중 경주 비둘기에 대해 알게 되었다고 합니다. 그는 1970년에 귀국을 하면서 비둘기 두 쌍을 수입해 길렀고, 대만과 일본 등 주변국에서 열리는 비둘기 경주 대회에 참여하며 국내에 비둘기 경주를 알렸습니다. '한국레이스비둘기협회'를 세우고 회원을 모집하며 각종 국내, 국제 대회를 개최했는데 한창 인기가 많았던 1980년대 초중반에는 협회 회원이 200명을 넘었다고 합니다. 이 기간동안 해외의 뛰어난 경주 비둘기를 들여오고 번식시키면서 우리나라에서도 3,000여 마리의 경주 비둘기가 길러졌습니다.

2 덮어놓고 낳다 보니
삼천리가 초만원

올림픽 개막식에서 비둘기를 맨 처음 날린 건 1920년 안트베르펜 올림픽입니다. 참가국별로 군인 대표가 한 명씩 나와 비둘기를 날렸는데요. 고대 올림피아 제전에서 참가 선수와 관중들이 안전하게 이동할 수 있도록 휴전을 선언했던 정신을 표현한 것입니다. 현재도 그 전통을 이어받아 올림픽 기간 동안 모든 적대적인 행위를 중단할 것을 올림픽 정신으로 삼고 있지요. 비둘기는 전쟁과 갈등 속에서 스포츠를 통해 평화롭고 더 나은 세상을 만들겠다는 올림픽의 이상향을 상징하는 새입니다.

처음에는 참가국 수만큼 비둘기를 날렸습니다. 대략 수십 마리 정도였지요. 하지만 점차 비둘기를 날리는 것이 개막식의 필수 프로그램이 되면서 마리 수가 많아졌고, 어느새 그 단위가 천 마리를 훌쩍 넘게 되었습니다. 1960년 로마에서는 약 7,000마리, 1984년 로스앤젤레스에서는 4,000~5,000마리의 비둘기를 날렸다고 알려져 있습니다.

1988년 서울도 마찬가지였습니다. 그래서 지금 우리나라에 비둘기가 이렇게 많아진 게 다 서울 올림픽 개막식 탓이라고 말하는 사람들도 많습니다. 결론부터 말하자면, 서울 올림픽이 어느 정도 촉진제 역할을 한 것은 맞지만 그렇다고 콕 집어 주범으로 몰아세울 수는 없습니다.

앞서 소개했듯 우리나라에서 각종 행사 때 비둘기를 날린 건 1920년대부터 1990년대까지, 기간으로 80년 정도 됩니다. 과거 기사를 통해 우리나라에서 그동안 날린 비둘기가 모두 몇 마리인지 세어 보려 했지만 2만 6,000마리쯤 세다가 그만두었습니다. 비둘기 개체수 증가는 단 한 번의 올림픽 행사 때문이 아니라, 오래도록 누적되어 온 결과로 봐야 합니다. 게다가 당시에는 귀소 훈련이 그리 체계적이지 않았던 탓에 행사를 마치고 집에 돌아오지 않는 비둘기가 꽤 많았는데요. 1971년의 한 기사를 보면, 시청에서 대여한 비둘기를 사대문 밖 행사에서 날렸을 때 30~50%

밖에 돌아오지 못했다고 합니다. 태릉에서 열린 아시아 사격선수권대회 개막식에서는 비둘기 100마리 중 30마리만 돌아왔고, 경기도 성남경찰서 기공식에 30마리를 보냈다가 한 마리도 돌아오지 않은 일도 있었습니다. 관계자는 전서구 '혈통'을 이어받은 비둘기들은 잘 돌아오지만 그렇지 않은 비둘기들은 귀소 능력이 떨어진다며, 예산이 없어 훈련을 시키지 못한다는 설명을 덧붙이기도 했습니다.

서울 올림픽에서의 비둘기 이야기를 하기 전에, 먼저 비둘기 사육법과 번식에 대해 말씀 드리려고 합니다. 비둘기를 번식시키는 데 가장 중요하고 유일한 방법은 잘 먹이는 것입니다. 비둘기는 먹이를 얼마나 안정적으로 구할 수 있느냐에 따라 산란 횟수가 크게 달라지기 때문입니다. 야생이라면 보통 1년에 한두 번 산란을 하는데 먹이 공급이 줄어들거나 부족하다고 판단하면 번식을 하지 않습니다. 반대로 먹이 공급이 끊이지 않는 최적의 조건에서는 1년에 4회에서 6회, 최대 8회까지도 알을 낳습니다. 이런 왕성한 번식률은 가축화 과정에서 발현된 것이지요. 현실적으로 어렵겠지만 최대치로 단순 계산을 해보면, 1년 동안

한 쌍의 비둘기가 알을 2개씩 8번 낳는다고 하면 총 18마리가 되고, 그렇게 태어난 비둘기들까지 최대치로 알을 낳는다면 162마리가 됩니다. 만약 처음에 열 쌍으로 시작했다면 2년만에 1,620마리까지 늘어나는 셈이죠.

서울 아시안게임과 서울 올림픽을 준비하면서 두 대회에 필요한 비둘기 수를 총 8,000마리에서 1만 마리 정도로 예상했습니다. 서울시청과 남산, 어린이대공원 등에서 동원할 수 있는 비둘기가 2,000~3,000마리밖에 없었기에 번식이 시급하다 보았죠. 이에 초중고교 특별활동시간에 비둘기 사육시간을 마련하자는 등 여러 방안이 거론되었습니다. 올림픽을 통해 대한민국이 아시아에서 새로 도약하려는 시기였고, 국가 경쟁력을 전 세계에 보여줄 수 있는 사활이 걸린 행사였기에, 개막식에 쓰일 비둘기도 굉장히 중요한 준비사항 중 하나였던 것입니다. 1982년 첫 올림픽 사업계획에 '비둘기 번식'이 논의되었을 정도니까요.

그렇게 시간이 흘러 1986년, 서울 아시안게임 개막식에서 준비한 비둘기 3,000마리가 하늘로 날아올랐습니다. 이제 다음 2년 후의 서울 올림픽을 준비하면 될 터였지요.

그런데 아시안게임이 끝나자마자, 올림픽 개막식 계획이 변경됩니다. 그냥 비둘기가 아니라 '흰 비둘기'만 날리기로 정해진 것이지요. 아시안게임에서 날린 비둘기들이 한껏 비상하는 시각적인 효과가 부족했다는 지적이 나왔고, 이왕이면 흰 비둘기를 날리는 게 낫지 않겠냐는 의견이 반영된 것이었습니다. 하지만 당시에 흰 비둘기는 국내에 흔하지 않았습니다. 그렇게 올림픽 개막을 1년 반 정도 앞두고 대대적인 흰 비둘기 번식 작전에 돌입하게 됩니다.

목표 수는 2,400마리였습니다. 서울시와 대한체육회가 1,200마리씩 책임지고 준비하기로 합니다. 서울시는 경찰대학으로부터 흰 비둘기 100쌍을 받아와 번식을 시작했습니다. 서울대공원과 어린이대공원에 흰 비둘기 번식장을 별도로 마련하고 임시 직원까지 두어 각 500마리, 300마리로 수를 늘렸습니다. 나머지는 성동초등학교를 포함해 어린이들과 시민들의 힘을 빌렸습니다. 그나마 서울시는 비둘기 사육 경험이 있었으니 비교적 수월했지만, 대한체육회는 비상이었습니다. 태릉선수촌에 비둘기 사육장을 마련해야 했고, 사육 비용이 예산에 책정되어 있지 않아 선수들의 식비를 줄여가며 비둘기 모이를 마련해야 할 지경이었습니다. 게다가 국내에서는 흰 비둘기를 더이 상 공수하기 어려워 한 마리당 12,500원씩 주고 일본을 통해 100쌍을 구입해 왔습니다. 비둘기 한 마리 한 마리가 어찌나 소중했던지 사육을 전담했던 김철수 담당자는 한 인터뷰에서, 매가 나타나 비둘기 세 마리가 목숨을 잃자 '매란 놈이 철천지원수처럼 여겨져 기필코 복수하겠다고 맹세했다'고 당시를 돌이키기도 했습니다. 그렇게 많은 사람의 노력과 정성으로 올림픽 개회식에 필요한 비둘기가 제때에 마련되었고, 올림픽기 게양과 함께 비둘기들은 하늘로 날아 올랐습니다.

그렇게 무사히 비둘기들이 임무를 마쳤으면 좋으련만, 이 행사는 지금까지도 서울 올림픽의 오점으로 기억되어 전해지고 있습니다. 바로 '비둘기들이 성화대에 앉아있다가 타 죽었다'는 것 때문인데요. 당시 올림조직위원회 박세직 위원장은 아래와 같이 사실을 부인합니다.

> "서울올림픽 개회식에서 날려 보낸 흰 비둘기 가운데 몇 마리가 성화대 위에 올라 앉아 구경꾼들의 가슴을 조마조마하게 하였다. 성화점화 때까지도 날

아가지 않아 텔레비전 시청자들 중에는 비둘기들이 타 죽었다고 생각한 사람들도 많을 것이다. 나도 이 글을 쓰면서 몇 사람에게 확인을 해 보았다. 대체적인 견해가 점화 직전에 비둘기들이 날아갔으리라는 것이었다. 한 실무자는 점화 직전에 성화용 고압가스가 세게 분출되었으니 비둘기가 성화대에 앉아 있기가 어려웠으리란 설명을 했다."

당시는 의문을 제기하는 정도였고 해명도 뒤따랐지만, 언젠가부터 '비둘기 떼죽음'이 기정사실로 받아들여진 것 같습니다. 심지어 올림픽 공식 사이트에도 '1988년 서울 올림픽에서 많은 비둘기 떼a number of the flock가 올림픽 성화대에서 안타깝게 죽었다'고 나와 있죠. 당시 영상을 보면 정말 성화대에 비둘기들이 옹기종기 모여 있다가 점화와 동시에 사라집니다. 이 비둘기들이 정말로 그대로 타 죽은 걸까요?

팩트체크를 하기 위해 카메라 앵글을 바꿔 보면, 그렇지는 않은 것 같습니다. 위쪽에서 성화대를 내려다보며 촬영한 영상에서는 비둘기들이 성화대 가장자리에 앉아 있다가 불길이 솟아오르자 날아갔고, 발이 끼었는지 딱 한 마리가 날지 못하고 불길에 휩싸인 듯 보입니다. 사고가 있었던 것은 맞지만, '떼죽음'으로 알려진 건 지나치게 과장된 겁니다.

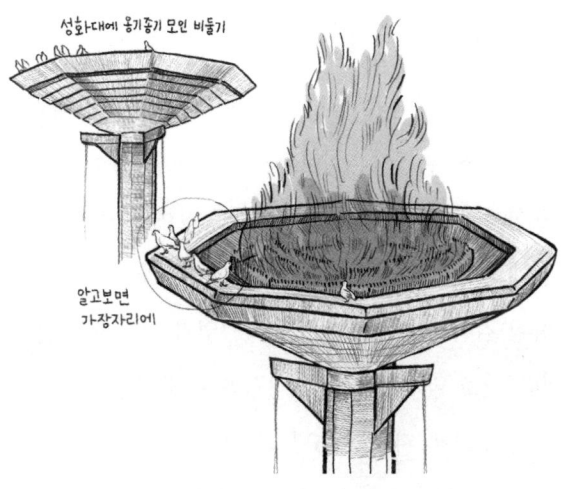

오륜기 게양, 비둘기 날리기, 성화 점화로 이어지는 개막식 하이라이트. 날아올랐던 비둘기들 중 일부가 성화대에 옹기종기 앉아 있던 상태에서, 불을 붙이자 순식간에 불길이 치솟았다. '성화대에서 타 죽은 건 한 마리'라는 영상을 보고 다른 자료로도 확인을 해 보려고 했지만, 화질이 썩 좋지 않은 탓에 정말 한 마리만 죽은 게 맞는지는 정확하지 않다.

그러나 비둘기 몇 마리가 죽었느냐가 중요한 게 아니라, 준비가 충분하지 못해 예기치 못한 상황이 연출된 것은 잘못입니다. 기획자들은 비둘기들이 무리를 지어 하늘을 날다가 경기장 바깥으로 멀리 사라지는 장면을 그렸겠지요. 하지만 비둘기들은 경기장 안을 빙빙 돌기도 했고, 몇몇은 관람석 쪽 통로로 날아 들어가기도 했습니다. 한 해외 기자의 머리 위에 비둘기가 앉았다는 이야기도 있고요. 급하게 준비하다 보니 비행과 귀소 훈련이 부족한 비둘기들이 빠르게 경기장을 벗어나지 못해 생긴 일이었습니다. 박세직 위원장은 "비둘기들이 하늘 높이 날아가지 않고 성화대에 주저 앉은 것은 사육장에 갇혀 날지를 못해 날개의 힘이 약했던 데다가 주경기장의 지붕 아래에서는 방향 감각을 제대로 잡을 수 없었기 때문이 아닌가 생각된다."라고 말했습니다. 개막식을 총괄했던 이어령 교수도 시간이 오래 지난 2016년 인터뷰에서 "가난이 죄"라며 당시를 회고하기도 했습니다. 흰 비둘기끼리 교배를 시켜도 온몸이 새하얗지 않게 태어나는 경우가 있었고, 그렇게 적합하지 않은 비둘기들을 골라내다 보니 흰 비둘기가 귀했던 겁니다. 돌아오지 못하는 비둘기가 생기니 비행 훈련을 자주, 적극적으로 시키기 어려웠던 것이죠. 결국 흰 비둘기를 고집하는 바람에 벌어진 일이었습니다.

그렇게 개막식을 마치고 태릉선수촌에서 살던 1,200마리 중 돌아온 비둘기는 절반인 600마리 정도였습니다. 서울시가 관리했던 1,200마리의 귀소율은 알려져 있지 않지만 크게 차이가 나지는 않을 것으로 봅니다. 태릉선수촌에서는 가장 먼저 돌아온 비둘기 세 마리에게 상을 주는 조촐한 이벤트를 열기도 했는데요. 개막식이 열린 잠실올림픽주경기장에서 태릉선수촌까지는 직선거리로 14km 정도, 비둘기를 날린 지 21분이 지나 7마리가 도착했고 비둘기장에 들어온 순서대로 순위를 정했습니다. 우승자의 특전은 독방에서 잠을 자는 것이었다고 하네요. 얼마 뒤 비둘기들은 패럴림픽 개막식 때 다시 한번 동원됐고, 이후 남은 비둘기들은 서울시에 기증하는 절차를 밟아 서울시청과 어린이대공원으로 옮기고 태릉선수촌 직원들에게 한 쌍씩 입양을 보냈다고 합니다.

서울 올림픽에서의 이 같은 사고를 계기로 올림픽 개막식에서 비둘기를 날리는 의식이 금지된 걸로 알려져 있는데, 이것도 사실이 아닙니다. 서울 올림픽 바로 다음 1992년 바르셀로나 올림픽에서도 비둘기를 날렸습니다. 흰 옷을 입은 600명의 댄서가 군무를 출 때 1,500마리 비둘기가 하늘을 날았는데, 하이라이트 부분이 아닌 개막식 초반에 날렸기 때문에 잘 알려지지 않은 것 같습니다. 바르셀로나 올림픽은 최초로 조명 연출을 시도하면서 저녁에 개막식을 시작한 올림픽입니다. 그렇기 때문에 어두워지기 전에 비둘기들이 집으로 돌아갈 수 있도록 개막식 초반에 날린 것이 아닐까 생각됩니다. 서울 올림픽의 일에 전혀 영향을 받지 않았다고 할 수는 없겠지만, 올림픽에서 더이상 비둘기를 날리지 않게 된 건 생명에 대한 감수성이 높아지고 동물에 대한 사람들의 인식이 변화하면서 결정된 것이라 보는 게 맞을 것입니다. 서울 올림픽이 마침, 그 갈림길의 길목에서 열렸던 것이겠지요.

더이상 '진짜 비둘기'를 날리지 않지만 올림픽 개막식에서 비둘기가 완전히 사라지지는 않았습니다. 바로 다음 대회인 1996년 애틀랜타 올림픽에서는 '가짜 비둘기'가 등장합니다. 올림픽기가 게양되고, 하얀 옷을 입은 100명의 어린이들이 비둘기 모형이 달린 긴 장대를 들고 나와 경기장을 달리며, 마치 비둘기가 하늘을 나는 듯한 모습을 연출하지요. 이후 모든 올림픽 개막식에서 비둘기를 상징적이고 창의적으로 표현하는 것이 하나의 과제가 된 듯합니다. 덩달아 개막식이 최신 공연 기술을 뽐내는 자리가 되면서 비둘기를 표현하는 형식과 방식도 다양해졌습니다. 2012년 런던에서는 조명으로 반짝이는 비둘기 날개를 단 사이클 선수들이 등장했고, 2020년 도쿄에서는 경기장 바닥에 하늘과 흰 비둘기 그래픽을 투사하고 수천 개의 종이 비둘기를 하늘에 날렸습니다. 2024년 파리에서는 센강 위를 달리는 은빛 기계 말이 다리를 지날 때마다 조명이 켜지며 비둘기 날개가 퍼지는 듯한 모습을 표현했습니다. 우리나라에서 개최한 2018년 평창 동계올림픽에서는 LED 촛불이 모여 만든 비둘기 형상과 비둘기 모양의 풍선 연출이 드론 쇼로 이어지며, 마치 비둘기가 드론이 되어 날아오르는 듯한 장면으로 하이라이트를 장식했습니다.

3 비둘기처럼 안 다정한 사람들

올림픽과 함께 국가 차원의 비둘기 번식도 끝이 났지만, 그후로도 한동안 비둘기를 날리는 건 계속되었습니다. 여러 기관과 단체, 학교에서도 크고 작은 규모로 비둘기를 길렀지요. 늘어나는 비둘기 수를 문제 삼는 사람은 없었습니다. 비둘기가 많으면 다른 곳에 나눠 주거나, 그냥 그대로 두어도 그만이었으니까요.

그러는 동안 비둘기 개체수는 크게 늘어 갔습니다. 풀어놓고 키우다시피 한 비둘기들이 곳곳으로 흩어졌고, 행사 때마다 날린 비둘기들이 돌아오지 않고 무리를 지어 어딘가에 정착하기도 했습니다. 도시화로 맹금류 같은 상위 포식자가 빠르게 사라진 것도 비둘기가 늘어난 원인이었습니다. 이전에는 없었던 형태의 '도시 생태계'가 만들어지기 시작한 것이지요. 개체수가 늘어난 비둘기들은 먹을 것을 찾아 점점 사람들의 생활공간으로 침투했고, 쓰레기 더미나 하수구 같은 곳으로 모여들었습니다.

그렇다면 당시 서울시에는 비둘기가 몇 마리나 있었을까요? 기사를 보면 1991년에는 1만여 마리, 1994년에는 10만 마리로 추산한다고 나오는데, 누구도 정확히 알 수는 없겠지요. 어쨌든 시민들이 체감할 만큼 '비둘기가 많아졌다'는 것은 확실했습니다.

1990년대는 비둘기를 바라보는 따뜻하고 차가운 두 시선이 뒤섞인 시기입니다. 먹이를 찾아 지저분한 곳을 돌아다니는 비둘기를 안타까워하는 사람들은 비둘기들에게 따로 모이를 챙겨 주었습니다. 살 곳이 모자란 비둘기를 위해 비둘기장을 지어 주고, 부상을 입은 비둘기들을 돌보기도 했습니다. 이때까지만 해도 이런 행동이 가여운 동물을 아끼는 미담 내지는 교양으로 여겨졌습니다. 조순 전 서울시장도 재임시절 '혜화동 공관을 나서며 하루 첫 일과로 혜화동 로터리 버스정류장 앞에서 비둘기 모이를 준다'고 자랑스레 밝혔을 정도니까요.

한편, 피해를 호소하는 사람들의 목소리도 커져 갔습니다. "서울역 서부역 쪽에 비둘기가 많고, 수십 마리가 고가도로 틈 사이에 서식하고 있어 근처 보도블록이 온통 비둘기 배설물이다", "여의도 등 한강 주변 아파트나 주택가에 비둘기들이 날아와 베란다 등에 마구 둥지를 틀고 있다", "어린이 놀이터에 비둘기 배설물이 너무 많아서 아이들이 놀 수가 없다" 등등 하소연과 민원이 쏟아졌습니다. 자가용이 보급되면서 비둘기가 차에 치이는 교통사고도 늘어나 사람들을 놀라게 만들었고, 자동차에 비둘기 배설물이 떨어지는 일도 흔해서 더욱 원성을 샀습니다.

서울의 탑골공원도 비둘기로 골머리를 앓는 곳 중 하나였는데요. 한때 2,000마리가 넘는 비둘기가 있었던 적도 있다는데, 그로 인해 공원이 더러워지는 것은 신경쓸 문제도 아니었습니다. 비둘기 배설물로 국보인 원각사지10층석탑이 마모되고 손병희선생 동상의 청동 부조판이 부식되자 사람들은 비둘기를 공원에서 내보낼 방법을 강구했지요. 처음에는 근처의 삼청공원에 대형 비둘기집을 짓고 모이를 주어 그쪽으로 서식지를 옮기도록 유인하려 했으나 실패했고, 당장은 봉사자들이 상주하면서 막대기를 휘두르며 비둘기를 쫓아내야 했습니다. 연구원들이 파견되어 석탑에 쌓인 비둘기 배설물을 작은 붓으로 하나하나 털어내기도 했고요. 결국 더이상의 훼손을 막고자 투명 유리 보호벽을 세우기로 결정했고, 현재까지도 이 상태로 관리되고 있습니다.

바닷가 부두에서도 비둘기와의 전쟁이 벌어졌습니다. 축산업 성장과 함께 사료용 곡물이 대량 수입되었고, 매일 수천 톤의 사료를 옮겨 나르는 부두는 비둘기들에게 먹을 것이 넘쳐흐르는 천국이었습니다. 운송 과정에서 떨어진 곡물을 쪼아 먹으려 모여든 수천 마리의 비둘기가 무리를 지어 각종 장비 틈과 기계실, 인근 건물에 눌러앉으면 통제할 수 없었습니다. 손실되는 곡물도 많았고, 여기저기 배설물이 쌓여 관리도 쉽지 않았습니다. 1992년 부산항에서는 비둘기로 인한 연간 손실액을 1억 원 정도로 계산하기도 했는데요. 더이상 비둘기로 인한 피해를 대수롭지 않게 넘길 수 없었습니다.

상황이 이렇게 되자 언젠가부터 비둘기는 '도시 공해', '도심의 천덕꾸러기'로 불렸습니다. 이렇게 부정적인 별명이 붙었기 때문인지, 비둘기를 대상으로 하는 범죄도 발생합니다. 1996년 경희궁에서는 비둘기 50마리, 한강시민공원에서는 100마리가 떼죽음을 당했는데 죽은 비둘기를 분석한 결과 농약 성분을 먹고 사망한 것으로 밝혀졌습니다. 1999년에는 삼성동 인터컨티넨탈호텔 근처에서 며칠에 걸쳐 80여 마리가 죽는 사건도 있었습니다. 이들은 현대백화점에서 관상용으로 들여왔다가 100여 마리로 불어난 비둘기들로, 주변 건물에 터를 잡고 살아왔다고 합니다. 그래도 아직까지 '평화의 상징'이라는 좋은 인식이 남아있던 때라 이런 사건들은 사람들에게 큰 충격이었죠. 생명을 죽인 명백한 범죄였지만 당시에 범인을 잡는 것이 현실적으로 쉽지 않았고, 처벌로 이어지지도 못했습니다.

비둘기로 인한 피해와 갈등이 점점 고조되어 가는데도 비둘기는 한동안 법적 관리의 사각지대에 있었습니다. 집밖에 나와 있지만 일부 사람들의 도움을 받는 새, '야생동물'과 '가축'의 경계에 놓인 채 시간만 흐른 것이죠. 서울시는 비둘기 관련 민원이 크게 증가하자 법제처에 법령 해석을 요청하기에 이릅니다. 야생동물을 담당하는 환경부, 가축을 담당하는 농림축산식품부 양측 모두 자신들이 비둘기의 소관부서가 아니라고 여겼기 때문입니다. 환경부는 비둘기가 산이나 들, 강 같은 '자연'에서 서식하지 않기 때문에 야생동물로 볼 수 없다고 보았고, 농림축산식품부는 가축으로 정한 가금류나 관상용 조류에 비둘기가 해당하지 않는다고 밝혔습니다.

법제처는 '비둘기는 야생동물'이라는 해석을 내놓습니다. 2008년 법령해석을 보면 야생동물은 인간이 소유하여 기르지 않는 모든 동물을 총칭하는 개념이며, 비둘기는 도시에서 자생하고 있기에 야생동물에 해당한다고 설명합니다. 사람들에게 개량되어 길러진 종은 맞지만, 이미 오래전에 소유자로부터 멀어졌고 여러 세대를 걸쳐 번식하고 있기에 야생동물의 범주에 들어왔다고 본 것입니다. 야생동물은 도시에서도 자생할 수 있기 때문에 도시에 살고 있다는 이유로 야생동물이 아니라고 할 수 없다는 의견이었습니다.

이렇게 '야생동물'이라는 법적 위치를 얻게 되자 비둘기에 대한 처분도 빠르게 논의되기 시작했고, 2009년 비둘기는 '유해야생동물'로 지정됩니다. 서식밀도가 너무 높아 배설물과 깃털의 양이 많고 문화재 훼손, 건물 부식 등의 피해를 준다는 이유였습니다. 국가가 주도해 대책 없이 번식시킬 때는 언제고 이제와 유해하다고 낙인을 찍는다며 반대하는 사람들도 있었지만, 결정을 뒤엎을 만한 여론으로 형성되지는 못했습니다. 이미 십수 년간 방치되다시피 한 비둘기로 피해를 입고 괴로웠던 사람들이 더 많았기 때문이었죠. 아니, 어쩌면 사실은 대부분의 사람들이 비둘기가 어떻게 되는지에 그다지 관심이 없었기 때문일지도 모르겠습니다.

자연스레 그해 10월, 서울시청 비둘기의 역사가 막을 내립니다. 2000년대에 들어 비둘기를 날리는 행사가 없어지며 서울시는 이도 저도 못하고 그저 유지하는 수준으로 비둘기를 가지고 있었죠. 서울시는 남은 비둘기를 양재시민의숲으로 옮기고 옥상의 비둘기장을 철거하기로 결정합니다. 꼭 비둘기가 유해야생동물로 지정되어서만은 아니고 신청사 건립 등이 맞물린 결과였지만, 우리가 비둘기를 간절히 필요로 하던 시대는 이렇게 끝이 나게 됩니다.

4 중요한 건 비둘기 마음을 꺾는 마음

SNS나 포털 사이트에서 '비둘기 퇴치'를 검색하면 각종 도구와 방법이 나옵니다. 여러 실패 끝에 비둘기가 떠났다는 성공담부터 전문업체에 믿고 맡기라는 홍보글까지, 그것을 보고 있자니 비둘기를 내쫓으려는 사람이 정말 많구나 싶습니다. 주택 지붕과 돌출된 창문틀 사이, 아파트 베란다, 특히 외벽에 설치된 에어컨 실외기 공간이 비둘기가 둥지를 트는 '문제의 장소'이지요.

비둘기는 왜 꼭 이 작은 틈에서 살려고 하는 걸까요? 공원이나 산, 하다못해 아파트 단지 안에 있는 녹지가 더 좋을 것 같은데 말이죠. 그러나 이 비둘기들은 애초에 숲에서 살던 종이 아닙니다. 가느다란 나뭇가지에 앉기에 발

모양이 적합하지도 않고요. 어느 정도 바닥이 확보된 곳에서만 둥지를 틀 수 있기에 오히려 도시 건축물과 구조물이 이들에게 더 맞는 환경입니다. 특히 위와 양 옆이 막힌 곳을 둥지 자리로 선호하는 비둘기에게 에어컨 실외기 아래와 그 주변은 터전으로 삼기에 최적의 공간입니다.

결국 골치가 아픈 건, 사람입니다. 베란다 난간과 실외기 위로 비둘기들이 날아 앉으면서 배설물과 깃털이 쌓이고, 둥지를 짓기 위해 물어온 나뭇가지까지 더해져 지저분해지니까요. 각종 이물질과 세균이 바람을 타고 집안으로 들어올 것만 같습니다. 둥지에서 새끼를 무사히 잘 기르면 그나마 다행이지만, 행여 알이 깨지거나 새끼가 죽어 방치되면 상황은 심각해집니다. 너른 마음으로 비둘기에게 자리를 내어주려 해도 이웃집으로 배설물이 떨어지고 깃털이 날릴 테니 혼자 마음대로 할 수 있는 일도 아니지요.

비둘기를 쫓아내는 가장 완벽하고 근본적인 방법은 비둘기가 눌러 앉을 공간 자체를 없애는 겁니다. 삐죽삐죽한 스파이크를 빽빽하게 놓아서 앉을 자리를 '가시방석'으로 만들어도 되고, 주변에 줄을 여러 개 쳐서 아예 들어오지 못하게 할 수도 있습니다. 그물망을 설치하거나 경사진 구조물을 덮어 접근하지 못하게 하는 방법은 넓은 곳에 쉽게 적용할 수 있어서 주로 다리나 육교 같은 큰 구조물에 사용됩니다. 여기에 특유의 향이나 휘발성 물질로 자극을 주는 조류 기피제를 같이 뿌리기도 하지요.

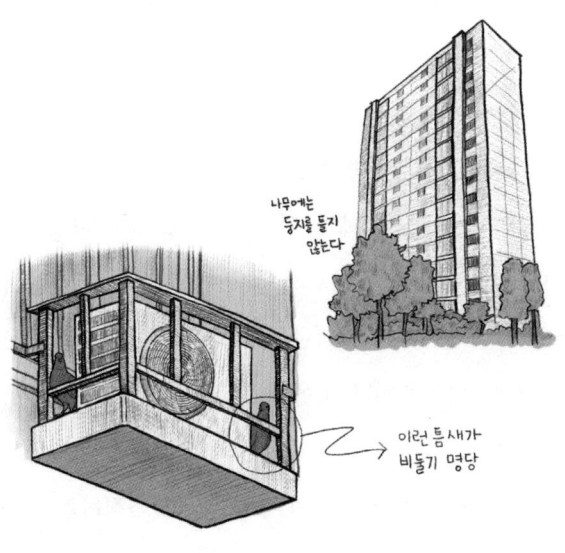

건물에 돌출된 부분, 작은 틈새는 비둘기가 둥지를 틀기에 딱 알맞다.
비둘기에게 아파트는 조상들이 살았던 거대한 절벽처럼 느껴지지 않을까?

해외에는 건물 처마에 약한 전기충격을 주는 레일을 설치한 사례도 있습니다. 일종의 전기 울타리라고 할 수 있겠네요. 2023년 말, 뉴욕주 청사에서는 비둘기 무리가 끊임없이 모여들자 이를 방해하려 레이저 포인터 장비를 설치하기도 했습니다. 원래 농작물 피해를 막기 위해 개발된 방법인데, 다른 새들과 달리 비둘기에게는 크게 효과가 없었던 모양입니다. 그래도 동물에게 위해를 가하지 않는 방법을 시도했다는 점에서는 의미가 있습니다. 비둘기를 쫓고자 설치한 스파이크와 그물망에 간혹 비둘기가 부상을 입거나 심지어 목숨을 잃는 일이 있기 때문입니다.

가장 원시적인 방법도 있습니다. 상위 포식자인 맹금류 모형으로 비둘기에게 겁을 주는 겁니다. 합정역 역사 안에 비둘기들이 들어오자 출구에 독수리 사진을 붙여 놓았다는 이야기가 2024년 1월 기사화됐었습니다. 신도림역에서는 황조롱이 모형을 놓고 스피커로 울음소리를 틀어 놓았다고 하고요. 사실 이는 꽤 오래전부터 사용된 방법으로, 더 실감 나도록 머리와 날개가 움직이는 '맹금류 로봇'을 만들어 설치한 사례도 있습니다. 하지만 비둘기가 곧 모형이 '가짜'라는 것을 알아차리기에 퇴치 효과가 오래 가지는 못합니다. 비둘기가 얼마나 똑똑한지 이제 다들 잘 알고 계시잖아요.

그런데 '진짜'가 나타나면 어떨까요? 영국 윔블던 테니스대회 경기장과 런던 트라팔가 광장, 미국 샌프란시스코 지하철과 뉴욕 브라이언트 파크 등에서 실제로 상위 포식자를 데려와 비둘기를 쫓았습니다. 전쟁에서 전서구를 잡기 위해 매를 이용했던 것처럼 말이죠. 효과는 예나 지금이나 확실합니다. 하지만 겁만 주려고 했던 의도와는 다르게, 간혹 매가 비둘기를 진짜로 공격해 죽이는 일이 발생해 비인도적이라는 비판을 받기도 합니다.

이렇게 다양한 방법이 있지만, 사실 결정은 비둘기의 몫입니다. 비둘기가 그 자리에 얼마나 애착을 갖고 있는지에 따라 결과가 달라지는 것이죠. 사람들의 방해 공작에 불편함을 겪고 금세 다른 곳을 찾아 떠날 수도 있지만, 온갖 훼방에도 포기하지 않고 끈질기게 그 자리를 고집할 수도 있습니다. 그 집착을 꺾을 정도의 상황을 만들어야만 비둘기 퇴치 작전이 비로소 성공하는 것입니다.

그런데 왜 사람들은 비둘기를 쫓아내려 할까요? 배설

물과 깃털 탓에 주변이 더러워지고 악취가 난다, 울음소리가 거슬린다고 하지만, 사실 가장 큰 이유는 건강에 대한 우려로 보입니다. 비둘기는 다른 새들에 비해서 '왠지' 병을 옮길 것 같으니까요. 물론 그럴 가능성이 없지는 않습니다. 해외에서는 비둘기의 외부기생충으로 피부질환이 나타난 사례가 있고, 인수공통감염병인 뉴캐슬병Newcastle disease, 웨스트나일열West Nile fever이 비둘기에게 발생되기도 합니다. 배설물에서 번식한 진균이 호흡기를 통해 효모균증Cryptococcosis, 히스토플라스마증histoplasmosis 같은 질병을 유발할 수도 있지요. 하지만 이런 일은 매우 드뭅니다. 비둘기와 밀접하게 접촉하지 않는 이상 그 가능성이 아주 낮고, 혹여 감염이 되더라도 면역력이 약하지 않다면 증상이 나타나지 않습니다.

중요한 것은 질병을 유발하거나 매개힐 가능성은 다른 동물들에게도 똑같이 존재한다는 사실입니다. 비둘기가 특히 더 그 가능성이 높은 게 아니고, 치명적인 질병을 매개하는 것도 아니지요. 그저 비둘기가 우리 가까이에 많이 있기에, 아니면 더러워 보이기에 유난히 위협적으로 느껴지는 게 아닐까요?

배설물로 건물이나 구조물이 손상되는 피해를 입는 것도 비둘기 퇴치의 중요한 이유 중 하나지만, 이 또한 비둘기만의 문제가 아닙니다. 굳이 따진다면, 조류 전체가 문제이지요. 새는 사람처럼 소변과 대변을 따로 배출하지 않습니다. 새의 배설물은 이 둘이 합쳐져 있고, 소변으로 나오는 산성 물질인 요산尿酸도 섞여 있습니다. 이 성분은 석회석을 용해시키고 콘크리트 중성화를 유발합니다. 배설물의 암모니아가 빗물과 섞여 금속을 부식시키기도 하고요. 이렇게 새 배설물 성분 자체의 문제도 있지만, 배설물로 인해 번식한 진균으로 구조물이 손상될 가능성도 있습니다. 모든 새가 그러는데 비둘기만 손가락질을 당하는 건 억울합니다. 그래도 여기저기 제일 많이 싸 놓는 게 비둘기 아니냐고 물으면, 반박할 말이 없기는 합니다.

결국, 비둘기가 많아서 그렇습니다. 이게 진짜 문제입니다. 여러 퇴치 방법을 사용해 비둘기로 인한 피해를 줄일 수는 있겠지만, 그 비둘기가 또 다른 곳에 자리를 잡을 것이기에 근본적인 해결책이 되지 못합니다. 비둘기 마리 수를 줄일 수 있는 방법을 찾는 것이 오늘날 전 세계 거의 모든 도시가 안고 있는 숙제라고 할 수 있습니다.

비둘기 수를 줄이기 위해 가장 많이 선택하는 방법은 '비둘기에게 먹이를 주지 않는 것'입니다. 식량 공급을 중단해서 과도한 번식을 억제하겠다는 아주 기본적인 조치이지요. 우리나라를 포함해 세계 여러 도시에서 이런 방식을 시도했고, 지금도 시행하고 있습니다.

예전에는 세계 유명 광장과 공원에서 비둘기 먹이를 팔았습니다. 사람들이 비둘기들에게 먹이를 주며 어울리는 모습은 아주 자연스러운 도시의 풍경 중 하나였죠. 비둘기로 인한 피해 호소가 늘어나자, 제일 먼저 먹이 판매가 금지됐고, '비둘기 먹이를 주지 말라'는 캠페인이 진행됐습니다. 어느 곳에서는 먹이를 줄 경우 벌금을 부과하는 강력한 규제를 적용하기도 했습니다. 갑작스러운 변화에 따른 반발도 있었지만, 비둘기 수가 감소했다는 사례가 소개되며 먹이를 주지 않는 것이 바람직하다는 쪽으로 사람들의 인식이 자리잡았습니다. 먹이를 주지 않는 것을 가혹하다고 느끼는 사람도 있겠지만, 페타를 포함해 강경한 해외 동물권 단체들도 이 방식에 동의합니다. 비둘기들은 따로 먹이를 주지 않아도 도시에서 직접 먹이를 구할 수 있고, 비둘기가 늘어나 과밀해지는 것이 비둘기에게도 그리 좋은 일은 아니라는 입장입니다.

1990년대까지는 수천에서 수만 마리씩 비둘기를 잡아 죽이기도 했습니다. 먹이에 독성 물질을 섞기도 하고, 한 번에 여러 마리를 포획해 가스로 처리하기도 했는데요. 눈앞에 있는 비둘기들, 그 수를 줄이는 가장 즉각적인 방법이었습니다. 살처분의 윤리적인 논란은 차치하더라도, 이 방식은 장기적으로 비둘기 개체수 조절에 효과를 보지 못했습니다. 실례로, 스위스 바젤에서는 1960년대부터 20여 년간 약 10만 마리의 비둘기를 포획해 죽였지만 2만 마리 정도의 수가 계속 유지되었다고 합니다. 아무리 잡아 죽여도 살아남은 비둘기들 입장에서는 먹을 것이 더 풍요로워졌던 거죠. 비둘기는 생존과 번식에 필요한 먹이만 확보된다면 어느 정도의 개체수를 유지한다는 게 확인된 것입니다. 포획을 할 때 건강이 좋지 않거나 나이가 많은 비둘기가 먼저, 많이 잡히는 것도 의도한 효과를 내기 어려운 요인이었습니다. 젊고 번식력이 왕성한 비둘기들이 활개를 치는 결과를 낳아서 오히려 살처분 이전보다 개체수가 더 증가한다는 분석도 있습니다.

도대체 어떻게 해야 비둘기 수를 줄일 수 있을까요?

현재 해외에서 개체수를 줄이는 가장 현실적인 해법으로 선택한 것은 일종의 '피임약'입니다. 가장 흔히 쓰이는 나이카바진Nicarbazin이라는 약물은 원래 1950년대 닭 구충제로 개발되었다가 산란율을 떨어뜨리는 효과가 있는 것을 보고 비둘기 개체수 조절에 쓰이기 시작했습니다. 비둘기가 나이카바진을 먹으면 칼슘과 콜레스테롤 대사에 영향을 받아 알이 제대로 수정되지 않으면서 무정란을 낳습니다. 나이카바진을 처리한 불임 모이와 자동급식기 같은 제품이 시중에 나와있고, 미국과 캐나다, 스페인, 스위스, 네덜란드 등에서 이를 사용하고 있습니다.

다만 이 약이 효과를 보려면 비둘기를 관리하는 일이 병행되어야 합니다. 나이카바진을 한두 번 먹어서는 안 되기 때문인데요. 일주일 정도 유효한 복용량을 먹어야 수정 억제 효과가 나타나고, 다시 며칠 먹지 않으면 생식 능력이 금방 돌아오기 때문에 비둘기가 한 자리에서 같은 시간에 꾸준히 일정한 양의 불임 모이를 먹도록 해야 합니다. 또 비둘기의 수명을 고려할 때 수년간 지속해야 개체수 감소 효과를 얻을 수 있습니다.

국내에서도 불임 모이를 사용하자는 의견이 있고 몇

년 전부터 관련 사업을 진행 중인 지역도 있지만, 환경부는 도입에 다소 회의적입니다. 비둘기가 아닌 다른 새가 불임 모이를 먹을 경우 발생할 수 있는 부작용과 생태계 교란에 대한 우려 때문입니다. 반면 이미 불임 모이를 사용하고 있는 도시에서는 이를 크게 문제 삼지 않는데요. 일단 모든 조류에게 동일한 반응이 일어나는 것이 아니며, 비둘기보다 작은 새가 먹기에는 모이가 크고, 큰 새는 생식 문제를 겪을 만큼의 양을 섭취하는 게 현실적으로 불가능하다고 설명합니다. 하지만 일각에서는 장기 복용, 과다 섭취 시에 발생할 수 있는 부작용에 대한 연구가 거의 없다는 점을 문제 삼아 반대하기도 합니다. 동물의 생리를 인위적으로 억제한다는 점에서 이 방법을 최선이라고 하긴 어렵겠지요. 어쨌든 현 상황에서, 윤리적 문제를 어느 정도 피해 가는 동시에 개체수 관리의 효율도 높일 수 있는, 타협할 수 있는 방식이 아닐까 생각합니다.

5

끝낼 때까지
끝나지 않는다

　현재 대한민국에서 비둘기는 '유해야생동물'입니다. 유해야생동물은 수렵 제도에서 이어져 온 개념이고 예전에는 유해조수鳥獸라고 불렀죠. 조수는 한자 그대로 새와 짐승, 육지에 사는 동물을 가리키는 말입니다. 조선총독부령 〈수렵규칙〉부터 이를 계승해 1961년에 제정된 〈수렵법〉, 동물 보호에 대한 규정을 추가해 1967년에 새롭게 만든 〈조수보호 및 수렵에 관한 법률〉에까지 유해조수는 계속 등장합니다.

　당시는 수렵, 즉 사냥이 건전한 취미라는 인식이 주를 이루던 때였습니다. 총기를 사용해서 동물을 쏘는 것을 일종의 스포츠로 여겼죠. 물론 아무 데서나 마음대로 동물을 잡아도 되는 것은 아니었습니다. 당연히 총기를 사용하려면 자격이 필요했고, 잡아서는 안 되는 동물이 있었습니다. 구역과 기간도 제한되었죠. 이때 예외조항에 있던 것이 바로 유해야생동물입니다. '유해조수 구제'를 위해서라면 이러한 금지 규정과 상관없이 수렵 허가를 받을 수 있었습니다. (오해하지 말아야 할 게 여기서 '구제'는 누군가를 돕거나 구해준다는 뜻의 구제救濟가 아니라 몰아내 없애버린다는 의미의 구제驅除입니다.) 유해야생동물은 예전부터 잡아 없애야 하는 것, 사냥을 해도 되는 동물이었던 것입니다.

수렵으로부터 야생동물을 보호할 필요가 있다는 인식, 남획에 대한 문제 제기는 1970년대에 들어서야 들려오기 시작했습니다. 공기총이 보급되고 레저 활동이 인기를 끌면서 수렵을 하는 사람들이 급격히 늘었기 때문입니다. 당시 추정된 수렵인 수는 3만 명인데, 신문의 한 사설에서는 "한 사람이 일 년에 꿩 한 마리씩 잡는다고 해도 잡혀 죽는 수는 3만 마리"라며, 사냥으로 빠르게 야생동물이 사라지고 있다고 지적했습니다. 덩달아 개발로 인해 야생동물의 서식지가 크게 줄고 있었기에 이에 대한 걱정의 목소리도 커졌지요. 그렇게 1972년, 제주도를 제외한 전국에 수렵 금지 조치가 내려집니다. 하지만 이때에도 예외 규정은 남아 있었는데요. '야생동물이 다시 늘어 농작물 피해가 극심하다'는 목소리가 높아지자 수렵을 금지한 지 8년 만인 1980년에 기준을 대폭 완화해 유해야생동물 수렵을 허가하게 됩니다. 그동안 손이 묶여있던 수렵인들에게 합법적으로 총을 들 수 있게 두 손을 풀어준 것입니다.

그렇게 2년 뒤, 유해야생동물은 수렵을 재개하는 데에 명분이 되었습니다. 당시 산림청은 수렵을 금지하기 직전인 1971년을 기준으로, 10년 만에 참새 21배, 노루 4배, 꿩 3배, 산토끼 2배, 멧비둘기 2배로 수가 늘어나 농작물에 피해를 주고 있다며 순환 수렵장이라는 개념을 도입합니다. 각 도별로 1년씩 돌아가며 수렵이 가능하도록 허가하겠다는 것이었는데요. 1982년 강원도를 시작으로 이듬해에는 경상남도, 그 다음은 충청북도, 또 전라남도 순으로 수렵이 시작되었습니다. 농작물 피해의 주범으로 지목받은 꿩과 참새, 멧비둘기, 까마귀, 멧돼지와 고라니 등이 포획 대상이었습니다.

순환 수렵장 제도는 시간이 지나며 조금씩 변화했지만, 2000년대 초반까지도 꽤 활발히 운영되었습니다. 지

자체 입장에서 수렵장 지정 '유치'를 반겼던 것도 활성화의 한 요인이었습니다. 수렵인들에게 수렵장 사용료와 동물당 포획료를 받아 세외 수입을 얻을 수 있었기 때문입니다. 전국 수렵인들이 찾아와 생활하는 네 달 여의 기간 동안 '지역 경제 활성화'까지 기대할 수 있었으니 마다할 이유가 없었지요. 하지만 수렵인 수가 점점 줄고 수렵에 대한 지역 주민들의 인식이 나빠지면서 차츰 소극적으로 운영되다가, 지난 코로나19 팬데믹 여파로 몇 년간 운영이 중단되었습니다. 이후 재개되긴 했지만 현재는 전반적으로 위축된 분위기입니다.

반면, 별도의 유해야생동물 사냥은 계속 활발하게 이어지고 있습니다. 이제 '구제' 대신에 '포획'을 하고 있지만 동물을 잡아서 죽인다는 점에서 달라진 것은 없습니다. 대부분의 지자체에서는 유해야생동물 포획 허가 제도를 통해 '농작물 야생동물 피해 방지단', '유해야생동물 대리 포획단' 등 다양한 이름으로 수렵인을 모집하고 있습니다. 유해야생동물로 인한 피해 신고가 접수되면 검토 후 현장에 출동하고 있지요. 동물을 잡은 수렵인에게는 마리당 일정 금액의 보상금이 지급됩니다. 아프리카돼지열병 확산 방지 차원으로 국비가 지원되는 멧돼지가 20~30만 원으로 가장 많고, 고라니는 3만 원 정도, 조류는 몇 천 원 선입니다. 지자체는 유해야생동물을 잡은 '성과'를 냈다고 자랑스럽게 홍보를 하고, 수렵인들은 '인명과 재산 피해를 막는다는 사명감'과 '지역사회에 봉사하는 마음'으로 포획에 참여한다고 말합니다. 수렵에 대한 비판과 부정적인 시각이 늘어나는 가운데, 유해야생동물 포획은 반드시 필요하고 바람직한 것, 또 명예로운 일로 여겨지고 있는 것이 참 아이러니합니다. '야생동물 수렵'이나 '유해야생동물 포획'이나, 사실 같은 동물을 사냥하는 동일한 행위인데 말입니다.

그렇다면, 어떤 동물이 유해야생동물일까요? 막연하게 농작물이나 사람들에게 피해를 입히는 동물을 일컫다가 1983년 법으로 그 정의가 처음 명시됩니다. '인명이나 가축·가금·항공기와 건조물 또는 농업·임업·수산업등에 피해를 주는 조수'라 정의되었다가, 2004년 〈자연환경보전법〉과 통합되어 〈야생동·식물보호법〉이 제정되면서 '사람의 생명이나 재산에 피해를 주는 야생동물'로 조금 더 포괄적으로 바뀌었습니다. 이때, 유해조수에서 유해야생동물로 용어도 변경되었고요.

이 정의는 현행법에서도 동일합니다. 현재 유해야생동물에 이름을 올리고 있는 이들은 다음과 같습니다.

1. 장기간에 걸쳐 무리를 지어 농작물 또는 과수에 피해를 주는 참새, 까치, 어치, 직박구리, 까마귀, 갈까마귀, 떼까마귀, 큰부리까마귀
2. 일부 지역에 서식밀도가 너무 높아 농림수산업에 피해를 주는 꿩, 멧비둘기, 고라니, 멧돼지, 청설모, 두더지, 쥐류 및 오리류(오리류 중 원앙이, 원앙사촌, 황오리, 알락쇠오리, 호사비오리, 뿔쇠오리, 붉은가슴흰죽지는 제외한다)
3. 비행장 주변에 출현하여 항공기 또는 특수건조물에 피해를 주거나, 군 작전에 지장을 주는 조수류(멸종위기 야생동물은 제외한다)
4. 인가 주변에 출현하여 인명가축에 위해를 주거나 위해 발생의 우려가 있는 멧돼지 및 맹수류(멸종위기 야생동물은 제외한다)

5. 분묘를 훼손하는 멧돼지

6. 전주 등 전력시설에 피해를 주는 까치, 까마귀, 갈까마귀, 떼까마귀, 큰부리 까마귀

7. 일부 지역에 서식밀도가 너무 높아 분변糞便 및 털 날림 등으로 문화재 훼손이나 건물 부식 등의 재산상 피해를 주거나 생활에 피해를 주는 집비둘기

8. 일부 지역에 서식밀도가 너무 높아 「양식산업발전법」 제2조제2호에 따른 양식업, 「낚시 관리 및 육성법」 제2조제4호에 따른 낚시터업, 「내수면어업 법」 제2조제5호에 따른 내수면어업 등의 사업 또는 영업에 피해를 주는 민물가마우지

이 책의 주인공 집비둘기는 7번에 이름을 올렸네요. 비둘기를 제외한 나머지 번호의 동물들은 유해야생동물 포획 절차에 따라 한 해에도 수십만 마리씩 사살되고 있습니다. 환경부에 공개되어 있는 그나마 최근인 2018년 자료를 보면, 한 해에 멧돼지 5만 마리, 고라니 17만 마리, 까치 22만 마리, 꿩 19만 마리가 포획됐습니다. 수년간 숫자가 늘어나는 추세였기에 지금은 그보다 더 많은 수가

잡히고 있을 것으로 예상합니다.

2023년 이 명단에 새로 들어간 민물가마우지는 몇몇 지자체에서 바로 예산을 책정해 사냥을 시작했습니다. 원래 겨울 철새였던 것이 텃새화되어 개체수가 크게 늘어난 탓이지요. (지난 20년 동안 20배로 늘어 2만 마리를 넘는 것으로 추정합니다.) 많은 수의 민물가마우지가 강과 호수에서 물고기를 잡아먹어 어획량이 줄고, 양식장들도 피해를 입는다고 하는데요. 배설물로 서식지 나무가 고사하는 현상도 제기된 문제 중 하나였고요.

목록을 가만히 들여다보면, 비둘기는 다른 동물들과 성격이 조금 다릅니다. 농업이나 어업에 피해를 주지 않고, 사람을 위협하지도 않지요. 무엇보다 가장 큰 차이는 바로 '서식지'입니다. 비둘기는 인간이 모여 살고 있는 거주지, 도시 지역에서 삽니다. 그러니 수렵을 바탕에 두고 있는 유해야생동물 관리 방식에 맞지 않습니다. 도시에서 비둘기를 잡으려고 총을 꺼내는 모습을 상상할 수 있을까요? 법적으로도, 현실적으로도 불가능한 일입니다.

이에 비둘기만의 관리 방안이 필요했던 환경부는

2010년 관련 업무 지침을 내고 다양한 방법을 제시합니다. 인위적 먹이 제공과 먹이 판매 금지, 음식물 쓰레기 신속 수거와 주변 청소, 버드 스파이크와 조류 기피제 등 퇴치 용품 사용, 번식 제한을 위한 알과 둥지 제거 등이었죠. 길을 지나가면서 한 번쯤은 '비둘기에게 먹이 주지 마세요' 같은 안내 문구를 보셨을 텐데요. 각 지자체에서 우선적으로 비둘기 먹이 주기 금지를 알리는 현수막이나 안내판을 많이 설치했습니다.

십여 년이 지난 지금, 과연 비둘기 수는 얼마나 감소했을까요? 환경부가 집계한 '집비둘기 관리 지역'의 개체 수는 2023년 기준 약 3만 마리입니다. 전년에 비해 5,000마리 정도 감소했지만, 지난 10년 간의 숫자를 보면 2만 7,000마리에서 4만 7,000마리 사이를 널뛰었기에 확연히 어떤 추세를 보인다고 할 수는 없습니다. 또 이는 일부 관리 지역을 대상으로 한 값이라, 전국의 비둘기 수를 대표한다고 보기도 어렵고요. 눈에 띄게 줄지도 늘지도 않고, 어느 정도 수가 유지되고 있다고 보면 될 것 같습니다. 비둘기를 유해야생동물로 지정한 이후 구체적인 관리가 부족하다는 의견은 이 숫자에 근거를 둡니다.

새로운 관리 방안이 필요하다고 느낀 환경부는 2021년 연구를 통해 개체수 파악을 먼저 시작했습니다. 이 정도로 포괄적이고 체계적으로 비둘기 개체수 조사를 한 건 처음이었지요. 그래서 비둘기는 모두 몇 마리인가, 궁금하신가요? 전국 2,007곳을 조사해 추정한 값은 서식 가능 지역을 고려하면 최소 18만에서 최대 29만 마리, 비둘기가 전국 모든 곳에서 서식한다고 가정하면 최소 120만에서 최대 126만 마리입니다. 편차가 크지만 야생동물 개체수를 파악하는 건 현실적으로 힘든 일이고, 서식지가 광범위한 비둘기 같은 경우는 더욱 어렵습니다.

2023년 2월, 환경부는 업무지침을 새로 내놓습니다. 기본 방침은 이전과 유사하지만, 비둘기 포획에 대한 사항이 눈에 띕니다. 2010년에는 '필요시 덫, 그물 등을 이용하여 포획하되, 포획한 집비둘기는 관련 전문가 등의 의견수렴을 거쳐 적정 처리한다', '포획 관련 사항은 〈유해야생동물 포획업무 처리지침〉을 준용한다.' 정도로 얼버무려 있던 내용이 상당히 구체화되었습니다.

새 지침에 따르면, 우선 관계 공무원과 야생동물 관

련 전문가, 야생동물보호 관련 단체, 지역주민 등이 협의하여 비둘기 포획 여부를 결정합니다. 이외의 다른 방법이 없는, 부득이한 경우에만 포획할 것을 전제로 하지요.(민원이 많은 곳, 곡물 창고, 문화재 보호가 필요한 곳, 양비둘기 보호가 필요한 곳을 그 예로 들고 있습니다.) 비둘기를 잡을 때에는 총기로 쏴 죽이기보다는 포획틀이나 그물로 생포를 하고, 이후 안락사를 시킨 후 사체는 묻거나 소각을 해야 합니다. 계속 먹이가 공급되는 상황에서는 포획을 하더라도 개체 수 감소 효과가 미미할 수 있다는 내용도 적혀 있습니다.

앞으로 달라질 사항이 하나 더 있습니다. 2024년 1월에 개정된 법에 '유해야생동물에게 먹이를 주는 행위를 금지하거나 제한할 수 있다'는 내용이 신설되어 2025년 시행을 앞두고 있는데, 이를 근거로 비둘기에게 먹이를 주는 행위에 과태료를 부과할 수 있게 됐습니다. 비둘기에게 먹이를 주지 말라는 지침은 있었지만 벌칙 규정은 없어서 실효성이 떨어진다는 의견이 받아들여진 것입니다. 몇몇 지자체가 관련 조례를 준비하고 있는 것을 보면, 시행과 함께 빠르게 적용이 될 것으로 보입니다.

이제 비둘기는 어떻게 될까요? 먹이를 주지 않아 굶어 죽게 될까요? 포획 지침에 따라 잡혀 죽는 일도 생길까요? 비둘기가 어찌 될지는 알 수 없지만, 사람들 사이의 갈등은 더 커지지 않을까 합니다. 비둘기에게 먹이를 주려는 사람과 제재하려는 사람, '인정머리 없다'고 비난하는 사람과 '범법'이라며 손가락질하는 사람, 지침대로 비둘기를 잡아 없애자는 사람과 비윤리적이라며 반대하는 사람, … 동물의 입장을 대변하는 것도, 동물 때문에 생긴 피해를 호소하는 것도 모두 사람의 일이기에 동물의 처우를 논하는 건 결국 사람끼리의 싸움이 됩니다. 이전보다 국가에 기대하는 동물복지 수준과 생명 감수성이 높아졌기에, 비둘기가 유해야생동물로 지정되었던 때보다 더 많은 논란과 갑론을박이 이어질지도 모르겠습니다.

그러나 확실한 건, 비둘기들은 인간이 하는 일에 별로 관심이 없다는 겁니다. 인간과 함께한 그 오랜 시간 동안 그 어떤 변화에서도 살아남았던 비둘기이기에, 앞으로도 '알아서 잘' 살아가지 않을까요?

닫는 글

독일 남부 바이에른주의 최대 도시 뮌헨에서 차로 한 시간 정도 떨어진 곳, 인구 30만 명 남짓의 도시 아우크스부르크Augsburg에는 특별한 비둘기장이 있습니다.

이곳에 있는 비둘기장의 개수는 모두 12개, 한 개에 60마리에서 많게는 180마리의 비둘기가 살고 있습니다. 비둘기장을 관리하는 사람은 지자체 담당자와 동물권 단체, 자원봉사자까지 총 8명, 이들의 주요 업무는 비둘기장 청소와 주 3회 먹이 주기, 그리고 비둘기 둥지의 알을 가짜 알로 바꾸는 것입니다. 단순한 일 같아 보이지만 기술이 필요합니다. 부모 비둘기가 알아채지 못하게 가짜 알을 진짜와 유사한 무게로 준비해야 하고, 너무 차갑지 않은 상태로 빠르게 교체를 해야 합니다. 알 수거 주기는 주 3회, 배아가 발달하기 전 최대한 빨리 수거하는 것을 원칙으로 합니다. 여러 번 번식에 실패하면 비둘기가 둥지를 떠날 수 있기에 때로는 부화가 되도록 일부를 남겨 둡니다. 이렇게 수거되는 알은 한 해에 5,500~6,500개 정도 되는데, 2000년대 초에는 1만 개를 넘은 적도 있습니다.

처음에는 비둘기들이 비둘기장에 자리잡게 하는 데에 시간이 걸렸습니다. 기존 야생 번식지를 하나씩 줄여 나가는 동시에, 비둘기들이 많이 모이는 장소에 비둘기장을 짓고 먹이로 유인해 비둘기들을 모았지요. 일정 기간 동안 둥지에서 새끼를 낳아 기를 수 있도록 그대로 두기도 하고, 얼마간은 비둘기장을 닫아서 떠나지 못하게 했습니다. 그렇게 해서 비둘기장이 비둘기들의 '집'이 되었습니다. 비둘기들은 안팎을 마음대로 자유롭게 드나들 수 있지만, 굳이 먹이를 찾으러 멀리까지 돌아다니지 않고 비둘기장 주변에서만 머물며 살고 있습니다.

비둘기 수가 많다 보니 해야 할 일이 만만치는 않습니다. 특히 비둘기장에 쌓이는 배설물의 양만 연간 5톤, 매일매일 청소를 해야 하는 관리자들의 입장에서는 고역이겠지요. 하지만 이렇게 하지 않았다면 이 어마어마한 양의 배설물이 도시 이곳저곳에 뿌려졌을 겁니다.

아우크스부르크는 1996년부터 이 같은 방식으로 비둘기를 관리해 왔고, 도시의 비둘기 중 63%가 이러한 관리하에 살고 있다고 추정합니다. '아우크스부르크 모델' 또는 비슷한 시기에 이를 도입한 곳의 지명인 '아헨 모델'로도 불리는 이 방식은 비둘기 관리의 성공 사례로 알려지며 뒤셀도르프와 빌레펠트, 마인츠, 비스바덴 등 주변의 다른 중소도시로 퍼졌습니다. 2023년, 베를린에서는 이 개념을 토대로 비둘기 관리 방안을 새로 수립하기도 했지요. 예산과 인력 부족, 비둘기장 설치 위치 등에 대한 문제로 모든 지역에서 이를 도입하고 있지는 않지만, 독일 사회에서는 이 모델이 최선이라는 공감대가 형성되고 있습니다. 국가의 동물복지 목표를 충족하면서, 비둘기로 인한 피해와 갈등을 줄이고 개체수도 관리할 수 있는 유일한 방법으로 받아들여지고 있는 것입니다.

이러한 시도는 우리나라와는 다른, '비둘기는 야생동물이 아니다'라는 관점에서 비롯됩니다. 맞습니다. 비둘기는 인간의 손에 가축화되었고, 지금 도시를 돌아다니는 비둘기들이 모두 인간에게 사육되었던 이들에게서 왔다는 사실을, 이제 우리는 알고 있습니다. 독일은 여기에 초점을 두고, 비둘기를 인간의 도움이 필요한 동물로 바라봅니다. 법적으로는 소유자가 더이상 돌보지 않아 국가에 귀속된 일종의 '유기동물', 정확히는 '유기동물의 후손'으로 여기는 것입니다. 비둘기의 법적 지위를 해석한 베를린의 동물복지 법률 자문가 크리스티안 알레스Christian Arleth는 민법상 소유한 동물의 새끼에게도 동일한 소유권이 인정되듯, '유기된 비둘기'로 번식된 비둘기들에 대한 권리와 의무 역시 이어진다고 보았습니다. 사람으로 인해 태어난 비둘기들에게 적절한 돌봄과 먹이, 치료를 제공해야 할 책임이 국가에 있음을 뜻합니다.

넓은 관점에서도 〈동물복지법Tierschutzgesetz〉에 의해 비둘기는 인간이 보호해야 할 책임이 있는 동물, 정당한 사유 없이 고통이나 해를 끼칠 수 없는 동물로 여겨집니다. 세계 최고 수준의 동물복지 제도를 갖췄다는 평가를 받는 독일은 2002년 〈독일연방공화국 기본법Grundgesetz für die Bundesrepublik Deutschland〉에 동물 보호에 대한 책임을 명시했는데요. 비둘기도 당연히 그 대상입니다. 이러한 관점에서는 비둘기에게 먹이 주기를 금지하는 것도 부적절한 것으로 설명됩니다. 굶주림으로 고통을 겪게 하는 것, 생리에 맞지 않는 '인간의 음식'을 섭취해 건강을 해치게 두는 것도 인간의 책임에 반한다는 것이죠.

이러한 해석은 비둘기의 '꼬리표'를 다시 떠올리게 합

니다. 애초에 우리나라에서도 비둘기가 '야생동물'로 해석되지 않았다면 어땠을까요? 아마 비둘기에게 다른 법제도가 적용됐을 것이고, 우리의 시선과 태도도 지금과는 다를 테죠. 독일 아우크스부르크보다 더 훌륭한 사례로 대한민국과 어느 도시가 언급되고 있을지도 모를 일입니다. 물론 반대로, 토착종을 밀어내는 외래종이나 생태계교란종으로 분류되어 더 심한 미움을 받거나 몰살됐을 수도 있었겠죠. (그나마 도시 생태계를 구성하는 야생동물의 일원으로 인정되어 다행이라 해야 하겠네요.) 어쨌든 오랜 시간 인간에게 길들여졌고, 결과적으로도 도시 환경에 성공적으로 안착한 비둘기만의 특별한 상황이 꼬리표를 붙이던 그때에 제대로 고려되지 못한 것은 여전히 아쉽습니다.

비둘기를 달리 보기에 너무 늦은 걸까요? 잘못된 길로 너무 멀리 온 건 아닐까요? 저는 "그렇지 않다"고 단언할 수 있습니다. 지금까지 비둘기에게 많은 꼬리표를 붙이고 또 바꿔 달아왔듯이, 그 이름은 또 달라질 수 있습니다. 독일 사회가 지금과 같은 시선으로 비둘기를 바라본 것도 30년 남짓으로, 이전에는 우리와 크게 다르지 않게 비둘기를 대했습니다. 지금도 독일의 어느 지역에서는 비둘기 포획 계획을 세워 논란이 되기도 하고, 혐오와 학대, 사회 갈등이 일어나기도 합니다. 동물을 대하는 사람들의 마음과 태도는 다 다르고, 이것을 하나로 아우르거나 그 모양을 똑같이 만드는 건 불가능한 일입니다. 다만 인간과 사회, 국가의 책임을 최대한 넓게 또 무겁게 가져가려는 노력 아래, 더 나은 방향으로 한 걸음씩 나아갈 뿐이지요. 우리나라는 물론 전 세계가 그 길을 같이 걸어가고 있다고 저는 믿고 있습니다.

그 한 걸음에 비둘기를 향한 사람들의 시선이, 또 한 걸음에 비둘기에 대한 법과 제도가 조금씩 너그러워지를 바랍니다. 이미 다들 아시겠지만 이 책은 '비둘기를 사랑합시다', '비둘기의 유해야생동물 지정을 취소하라', '포획 허가 제도 자체를 없애자' 등의 구호를 외치지 않습니다. '소개서'라는 제목 그대로, 저는 비둘기를 소개하고 싶었습니다. 비둘기가 왜 땅을 보고 걷는지, 왜 무리를 지어 다니는지, 왜 아파트 베란다에 둥지를 트는지, 왜 그렇게 쫓아내도 기어코 다시 돌아오는지 알면 비둘기를 조금은 덜 더럽고, 덜 성가시고, 덜 미운 새로 대하게 될 거라고 기대

했기 때문입니다. 인류 문명의 시작부터 인간이 비둘기와 함께 했던 긴 시간과 사건들을 알면, 인간이 비둘기에게 많은 도움을 받았었고 수많은 목숨을 빚져 왔다는 걸 알면, 하지만 지금은 우리가 이런 사실을 전혀 모르고 있다는 걸 알면, 비둘기를 바라보는 우리의 두 눈이 조금은 따뜻해지지 않을까 하는 마음과 바람이 있었기 때문입니다. 비둘기를 알아가면서 제가 그랬던 것처럼요.

이제 여러분은 도시의 '닭둘기'가 달리 보이시겠지요? 그 따뜻해진 눈으로 시선을 옮겨 다른 동물들도 바라봐 주시기를 바랍니다. 인간의 사정을 이유로 거리낌없이 죽임을 당하는 멧돼지와 고라니, 비둘기보다 더 위태로운 경계에 놓인 길고양이와 들개, 국가 정책에 방치된 사육곰, 수족관에 갇힌 고래와 수생생물들, 동물원과 실험실 안의 동물들, 그리고 웬만해선 살아있는 생명으로 취급조차 되지 않는 닭과 돼지, 소, ……. 이 모든 동물들은 인간인 우리가 최소한의 도리와 책임을 다해야 할 존재들입니다. 자, 그럼 이제 책을 덮고 문밖으로 나가 볼까요?

참고자료 비둘기가 더 궁금하다면

참고했던 자료 중 함께 보면 좋을 책과 논문, 웹사이트, 영상을 소개합니다.
- 본문 내용에 맞춰 순서대로 적었습니다.
- 웹페이지는 URL만 표기했습니다. 2024년 8월 22일 접속 기준입니다.

여는 글

Herzog, H. A. (1988). The moral status of mice. *American Psychologist*, 43(6), 473-474.

> 오래된 글이지만 직관적이라 첫머리에 소개를 해 보았습니다. 헤르조그는 뱀 행동 연구를 하다가 실험동물에 대한 연구자들의 복잡한 태도에 대해 고민하게 된 것 같습니다. 2000년대에 들어 인간-동물 상호작용(HAI) 연구에 집중했고, 최근에는 반려동물 관련 연구가 많습니다.

1 농장동물 — 맛있어서 먹히는 비둘기

Gazda, E. K., Wilfong, T. G., & Archaeology, K. M. o. (2004). *Karanis, an Egyptian Town in Roman Times: Discoveries of the University of Michigan Expedition to Egypt (1924-1935)*. Kelsey Museum of Archaeology, University of Michigan.

> 기원전 250년 건설된 카라니스 유적지의 발굴 기록입니다. 비둘기장 외에도 당시 농업 공동체의 생활양식이 담겨 있어 시대상을 이해하는 데에 도움이 됩니다.

https://whc.unesco.org/en/list/1370

> 마레샤-베이트구브린 지하 동굴은 유네스코세계문화유산으로 등록돼 있습니다. 다양한 형태의 동굴 속 비둘기장 사진을 볼 수 있고, 그림에 참고했습니다.

Geller, M. J., & Panayotov, S. V. (2020). *Mesopotamian Eye Disease Texts: The Nineveh Treatise*. De Gruyter.

> 니네베 아슈르바니팔 도서관에서 발견된 쐐기문자 점토판 중 안과학에 대한 부분을 해설한 책입니다. 그밖에 켈수스의 《의학에 관하여》 등 당시 의학 지식에 관한 자료도 함께 소개합니다. 이 둘의 내용을 여기에서 발췌했습니다.

https://penelope.uchicago.edu/Thayer/E/Roman/Texts/Varro/de_Re_Rustica/home.html

바로의 《농업론》은 이 사이트에서 발췌했습니다. 당시 농사와 가축 사육 방법을 상세히 적은 백과사전 같은 책입니다. 비둘기는 3장 '가금류' 부분에 나옵니다.

Cooke, A. O. (1920). *A book of dovecotes*. TN Foulis.

프랑스와 영국, 스코틀랜드에 남아있던 200여 개의 중세 비둘기장을 설명합니다. 비둘기장의 역사적 가치를 알린 책으로도 평가받습니다. 중세시대 관련 내용은 대부분 이 책을 참고했습니다.

https://pigeonniers-et-colombiers-de-france.webador.fr/

중세 프랑스 비둘기장의 역사와 양식을 소개하는 웹사이트입니다. 지역별, 유형별로 사진이 정리되어 있습니다. 그림에 이 사이트의 자료를 참고했습니다.

https://youtu.be/rRhR1rvEoxw?si=TYn1gqNkRZ-gsBNO

중국의 비둘기 공장식 축산을 소개하는 영상입니다. 'pigeon farm'이라고 검색하면 몇 가지 유사한 영상이 더 나옵니다. 비둘기 사육 환경과 방법을 자세히 알 수 있습니다. 다만, 도축 장면을 보기 괴롭다면 주의가 필요합니다.

https://www.tianchenggeye.com/

위 영상 속 회사 티엔청비둘기산업(天成鸽业有) 웹사이트입니다. 비둘기 공장식 축산 방식과 기술에 대한 내용을 상당 부분 참고했습니다.

2 사역동물 — 똑똑해서 일하는 비둘기

노아 스트리키. (2017). *새 : 똑똑하고 기발하고 예술적인* (박미경, 역.). 니케북스. (원본 출판 2014년)

비둘기의 귀소 능력과 그를 활용한 역사를 전반적으로 이해하는 데에 도움이 된 책입니다. 비둘기 외에도 까마귀, 앵무새, 찌르레기 등 다른 새들의 독특하고 놀라운 능력이 소개되어 있습니다.

제니퍼 애커먼. (2017). *새들의 천재성* (김소정, 역.). 까치. (원본 출판 2016년)

새들의 지능과 능력을 이야기하는 책입니다. 새의 귀소 능력에 관한 과거부터의 여러 실험 결과가 쉽게 정리되어 있습니다.

Nimpf, S., & Keays, D. A. (2022). Myths in magnetosensation. *Iscience*, 25(6).

> 동물의 자기장 감지에 관한 최신 논의를 종합해서 볼 수 있는 리뷰 논문입니다. 여섯 가지 가설과 그에 대한 근거, 또 반론을 제기하며 여러 논점을 제시합니다.

Guilford, T., & Biro, D. (2014). Route following and the pigeon's familiar area map. *Journal of Experimental Biology*, 217(2), 169-179.

> 비둘기 귀소 능력의 메커니즘에 관한 여러 가설 중 가장 흥미로웠던 것이 '익숙한 곳에서는 눈으로 보면서 다닌다'는 것이었습니다. 자기장이니, 초저주파니, 태양의 위치니 온갖 거창한 것들을 감지한다더니, 결국 자기 동네에서는 표지판을 보고 다닌다고? 약간 웃기기도 했죠. 물론 비둘기가 무엇을 보고 기억하는지 알 수는 없습니다만, 자연물뿐 아니라 도로와 철도, 울타리 등 인간이 만들어 놓은 '선'까지 경로로 삼는다는 게 여러 연구로 밝혀졌습니다. 관련 실험 결과를 한 번에 볼 수 있는 리뷰 논문 하나를 대표로 소개합니다.

https://pigeons-of-war.com/

> 전쟁 비둘기에 관한 거의 모든 사실들이 정리되어 있는 웹사이트입니다. 각 국가별 비둘기 부대 역사, 유명한 비둘기들과 사육사들, 주요 에피소드 등이 일목요연하게 정리되어 있어 많은 도움을 받았습니다. 인스타그램에 사진 자료도 꾸준히 업로드됩니다. @military_pigeons

https://www.si.edu/object/cher-ami%3Anmah_425415

> 스미소니언 국립미국사박물관 웹페이지입니다. 다리 한쪽이 잘린 셰어 아미의 박제 사진과 자세한 사연을 볼 수 있습니다.

Kano, F., Naik, H., Keskin, G., Couzin, I. D., & Nagy, M. (2022). Head-tracking of freely-behaving pigeons in a motion-capture system reveals the selective use of visual field regions. *Scientific Reports*, 12(1), 19113.

> 새는 시선을 추적하기가 어렵습니다. 그런데 이 논문은 최신 모션캡처 시스템을 활용해 비둘기의 시야를 재구성하고, 상황에 따라 어느 중심와를 통해 바라보는지를 추정합니다. 본문의 비둘기 시야 각에 대한 값은 이 논문에서 인용했습니다.

프리데리케 랑게. (2011). *동물과 인간 사이 : 우리와 같으면서도 다른 동물들의 사고방식에 대하여* (박병화, 역.). 현암사. (원본 출판 2009년)

> 비둘기의 학습 능력에 관한 기본 개념을 파악하는 데에 도움이 된 책입니다. 스키

너의 단순 연합학습부터 통찰학습, 범주화에 대한 내용이 잘 정리돼 있습니다.

Wasserman, E. A., Kain, A. G., & O'Donoghue, E. M. (2023). Resolving the associative learning paradox by category learning in pigeons. *Current biology*, 33(6), 1112-1116. e1112.

'비둘기가 학습하는 방식이 인공지능과 거의 동일하다'고 말하는 바서만의 최근 연구입니다. 논리나 추론이 필요한 과제에도 비둘기는 반복적인 시행착오를 통해 높은 성과를 보였습니다. 빅데이터로 개와 고양이를 구분하는 인공지능처럼 말이죠. 바서만은 다른 인터뷰에서 '인공지능의 성취에는 열광하면서, 동물의 연합 학습은 낮게 평가하는 것은 모순적'이라는 의견을 덧붙이기도 했습니다.

https://youtu.be/vGazyH6fQQ4?si=JtGlJRLSRSu3EqIy

스키너재단(B. F. Skinner Foundation) 유튜브 계정에 올라와 있는 '비둘기가 탁구 치는 영상'입니다. 이밖에도 이 계정에 스키너 박스 실험 영상이 몇 개 더 있으니 같이 봐도 좋겠습니다.

나단 에머리. (2017). *버드 브레인 : 새대가리? 천만에! 조류의 지능에 대한 과학적 탐험* (이충환, 역.). 동아엠앤비. (원본 출판 2016년)

새의 뇌와 학습 능력, 인지에 대한 과학적 사실을 담은 커다랗고 두툼한 책입니다. 새의 뇌와 지능에 대한 이론이 어떻게 전개되어 왔는지, 현재 우리가 새의 뇌를 얼마나 어떻게 이해하고 있는지에 대한 내용이 다채로운 그림과 함께 담겨 있습니다. 비둘기의 귀소 능력, 시각적 범주화 능력에 대한 이야기와 여러 실험 결과도 곳곳에 소개되어 있습니다.

Simmons, J. V. (1981). *Project Sea Hunt: A Report on Prototype Development and Tests.* Defense Technical Information Center.

프로젝트 시 헌트 결과보고서입니다. 동원된 비둘기들이 어떻게 실려가고 훈련을 받았는지, 훈련 방법과 테스트 통과 기준, 테스트 결과까지 상세히 나와있습니다. 미국 국방기술정보센터(DTIC) 사이트에서 다운로드할 수 있습니다.

Skinner, B. F. (1960). Pigeons in a pelican. *American Psychologist*, 15(1), 28-57.

펠리컨 프로젝트에 대한 국가기밀 유지가 해제된 후, 스키너가 프로젝트를 소개하기 위해 작성한 글입니다. 자신에 대한 윤리적 판단이 신경 쓰였던 것인지 아니면 스스로를 합리화하고 싶었던 것인지 모르겠지만, 본론에 앞서 그동안 전쟁에 동물을 이용했던 다른 사례들을 들며 아래와 같이 적었습니다.

"하찮은 생명체를 그들은 인식하지 못할 영웅으로 바꾸는 인간의 권리에 대한 윤리적 질문은 평화시에나 할 수 있는 사치스러운 것이다. 1930년대 후반, 우리는 더 큰 질문에 대한 답을 찾아야 했다. 역사상 가장 큰 대량 학살을 예고하고 또 결국 이를 실행에 옮긴 사람들이 권력을 잡았기 때문이다."

https://www.pdsa.org.uk/what-we-do/animal-awards-programme/pdsa-dickin-medal

PDSA 디킨 메달 웹페이지입니다. 디킨 메달을 수상한 각 동물들의 공로와 사연이 나와 있습니다. 마지막 디킨 메달 수상자는 2023년 미군 소속으로 아프가니스탄, 이라크에 투입되었던 베이스(Bass)라는 이름의 개입니다.

3 오락동물 — 재미있어서 날리는 비둘기

https://www.pipa.be/

경주 비둘기 경매를 진행하고 비둘기 경주 뉴스를 다루는 웹 플랫폼입니다. 조금만 찾아봐도 전 세계 곳곳에서 활발하게 비둘기 경주가 열리고 있는 걸 알 수 있습니다. 아무래도 이름은 국제축구연맹(FIFA)을 따라 해 지은 것 같습니다.

https://www.pigeonclocks.com/

온라인 비둘기 시계 박물관(Online Pigeon Clock Museum)이라는 이름을 붙인 웹사이트입니다. 만든 지는 좀 오래된 사이트인 것 같지만 컬렉션은 훌륭합니다. 250개가 넘는 비둘기 시계 사진이 브랜드별로 정리되어 있습니다.

https://www.benzing.cc/

경주 비둘기 전자 타이밍 시스템, 비둘기 관리 소프트웨어와 클라우드 서비스를 개발하는 벤징(Benzing)이라는 회사입니다. 150년 전, 수동 비둘기 시계를 제작했던 시계 장인으로부터 출발한 기업이죠. 비둘기 경주 '산업'의 한 부분을 볼 수 있습니다.

https://www.ufaw.org.uk/birds/pigeons-rolling-and-tumbling

동물복지대학연합(UFAW, The Universities Federation for Animal Welfare)이라는 영국 단체에서 롤러, 텀블러 품종 비둘기의 유전적 문제를 정리해 놓은 웹페이지입니다. 다른 품종 비둘기는 물론이고 개, 고양이 등 인간이 품종 개량을 해 온 다양한 동물들의 유전적 문제, 그리고 그것이 동물복지에 미치는 영향을 각종 자료를 통해 하나씩 논하고 있습니다.

https://biologywriter.com/on-science/articles/pigeons/

생물학 박사 조지 존슨(George Johnson)이 일명 '비둘기 경주 대참사'에 대해 정리한 글입니다. 사건의 전말을 여기에서 많이 참고했습니다.

https://www.peta.org/features/pigeon-racing-investigation/

페타(PETA)가 비둘기 경주 조직에 잠입해 밝혀낸 결과와 사진을 볼 수 있습니다. 십여 년 전의 이야기지만, 지금도 크게 달라진 점이 없다고 말합니다.

4 반려동물 ─ 예뻐서 키우는 비둘기

정우봉. (2020). 《동국금석평(東國金石評)》해제. 민족문화연구, (87), 389-397.

《발합경》을 세상에 처음 소개한 정우봉 교수의 해설과 문헌의 가치에 대한 내용이 담겨 있습니다. 《동국금석평》은 발합경을 비롯한 네 종류의 저술이 묶인 필사본으로, 당대 학술과 예술의 동향을 파악하는 데에 중요한 자료입니다.

정민. (2003). 18세기 지식인의 완물(玩物) 취미와 지적 경향 - 『발합경』과 『녹앵무경』을 중심으로 -. 고전문학연구, (23), 327-354.

유득공의 《발합경》, 이서구의 《녹앵무경》 두 자료에 나온 관상용 비둘기와 앵무새 사육 문화를 중심으로 관념적 철학 대신 생활 주변, 일상의 소소한 사물에 몰두했던 조선 후기 18세기 지식인들의 지적 경향에 대해 살펴봅니다. 《발합경》과 〈발합부〉 내용은 이 논문에서 발췌했습니다.

https://artsandculture.google.com/asset/the-city-of-supreme-peace-unknown/uAGoVMSWQP2Oew

국립중앙박물관이 제공하는 〈태평성시도〉 이미지를 볼 수 있습니다. 첫 번째 폭(가장 오른쪽)에 그려진 비둘기장을 찾아보세요.

https://www.theamericanpigeonmuseum.org/pigeon-breed-gallery

미국 오클라호마에 위치한 비둘기 박물관(The American Pigeon Museum & Library) 웹사이트입니다. 대표적인 비둘기 품종 사진이 깔끔하게 정리되어 있어서 많은 참고가 되었습니다.

찰스 다윈, & 다윈포럼 기획. (2019). 종의 기원 (장대익, 역.). 사이언스북스. (원본 출판 1859년)

말이 필요 없는 책입니다. 많은 번역본 중 이 책을 참고했습니다.

https://babel.hathitrust.org/cgi/pt?id=wu.89002406619&seq=9

다윈의 진짜 '광기'가 담긴 책은 《종의 기원》의 확장판이라고 할 수 있는 1868년에 낸 《가축화·작물화로 인한 동식물의 변이(The Variation of Animals and Plants Under Domestication)》입니다. 다윈은 1권에서 비둘기는 물론 개, 고양이, 말, 돼지, 소, 양, 염소, 토끼 그리고 밀과 옥수수, 감자, 포도, 사과, 장미꽃, … 등등의 동식물이 가축화와 작물화 과정에서 얼마나 어떻게 변이 되었는지를 하나씩 논합니다. 역시 비둘기 비중이 꽤 큽니다. 각 품종의 역사와 유래를 정리한 한편, 품종별로 외형적 특징, 뼈 하나하나의 크기와 비율, 형태를 야생종 바위비둘기와 비교하며 비둘기 품종 계통도를 만들었습니다. 그리고 2권, 긴 사설 끝에 비로소 다윈이 정말로 하고 싶었던 이야기, 자연선택에 대한 내용이 나옵니다. 퍼블릭 도메인으로, 위 링크에서 원문을 볼 수 있습니다.

https://learn.genetics.utah.edu/content/pigeons/

미국 유타대학교 유전과학학습센터(Genetic Science Learning Center) 웹페이지입니다. 유전학에서의 비둘기 연구 의미, 또 그동안의 연구 결과가 그림과 함께 친절하게 정리되어 있습니다. 학생들을 위한 교안도 다운로드할 수 있습니다.

https://www.pigeonrescue.org/

미국 샌프란시스코에 있는 해외 비둘기 구조 단체 팔로마시(Palomacy)의 웹사이트입니다. 입양 가능한 비둘기 소개와 함께, 비둘기 구조가 필요한 이유, 반려동물로서 비둘기의 특징 등이 자세히 안내되어 있습니다. 인스타그램 계정에 비둘기 입양 소식이 업로드 됩니다. @pigeondiplomacy

5 야생동물 — 알아서 잘 사는 비둘기

https://newslibrary.naver.com/

비둘기에 관한 우리나라 역사를 파악하는 데에는 네이버 뉴스 라이브러리를 이용했습니다. 본문에 소개한 사건, 인용한 내용은 모두 이 사이트를 통해 찾은 신문 기사를 참고했습니다. 옛 기사에서 '비둘기(비들기)' 또는 '전서구'를 검색해 보세요. 지금은 상상 못 할 흥미로운 비둘기 이야기에 시간 가는 줄 모를 겁니다. 1930년대까지는 '비닭이'라 표기되어 있으니 참고하세요.

https://archives.seoul.go.kr/item/3687

> 서울기록원이 제공하는 1976년 서울시청 앞 사진입니다. 본문 그림은 이 자료를 참고했습니다.

https://youtu.be/bZkrMvIeNdU?si=zuL0vcqkdKLYZvf5

> 대한뉴스 제1676호, 서울 올림픽 개막식을 위해 태릉선수촌에서 비둘기를 기르는 영상입니다. 육상 트랙이 내려다 보이는 건물 옥상에 비둘기장이 있고, 수납장 같은 곳 칸칸마다 흰 비둘기가 한 마리씩 쭉 앉아있는 모습이 보입니다.

https://www.law.go.kr/

> 현재와 과거 모든 법령을 검색할 수 있는 국가법령정보센터 웹사이트입니다. 유해야생동물에 관한 내용은 〈야생생물 보호 및 관리에 관한 법률〉에 있습니다. (법 제2조5항, 제23조 등) 〈수렵규칙〉, 〈수렵법〉, 〈조수보호및수렵에관한법률〉, 〈야생동·식물보호법〉(2012년 현 법률로 제명 변경) 순으로 우리나라가 야생동물을 바라보는 관점이 어떻게 변화했는지 살펴봤습니다.

법제처. (2008. 11월 5일). 법제처, 도심 비둘기의 야생동물 여부 법령해석 [보도자료].

> 서울시 질의에 '비둘기가 야생동물에 해당한다'고 회신한 건과 관련한 보도자료입니다. 법령해석 전문을 읽어 봐도 좋겠습니다. (안건번호 08-0244)

경희대학교 한국조류연구소. (2009). 유해 집비둘기 관리방안 최종보고서. 환경부.

> 유해야생동물로 지정된 후 관리 방안을 수립하기 위한 연구 용역 보고서입니다. 비둘기의 기본 생태와 역사, 피해 지역의 서식 현황 등이 정리되어 있고, 이를 토대로 첫 관리지침이 만들어졌습니다.

국립생물자원관. (2021). 집비둘기 관리방안 수립 연구. 환경부.

> 첫 관리지침이 만들어지고 십여 년이 지나 개정하기 위해 전국 비둘기 개체수와 행동을 조사했습니다. 본문의 개체수 값은 이 보고서에서 인용했습니다.

환경부. (2023). 집비둘기 관리업무 처리지침.

> 최근에 새로 개정된 관리지침입니다. 개체수 조절 방안으로 알 제거와 둥지터 관리를 통한 번식 제한, 직접 포획 두 가지를 제시하고 있습니다.

닫는 글

Menschen für Tierrechte. (2021). Erfahrungen mit Stadttaubenprojekten nach dem "Augsburger Modell" und Praxisbeispiele

'동물권을 위한 사람들'에서 발간한 보고서로, 독일 71개 도시의 동물복지 담당 공무원과 단체, 활동가들을 대상으로 한 조사입니다. 비둘기들이 겪고 있는 건강 문제, 시행하고 있는 비둘기 관리 방법, '아우크스부르크 모델' 적용 도시의 경우 운영 방식과 효과 등을 묻고 있습니다.

Menschen für Tierrechte. (2021). Management of City Pigeons in (large) Cities in Germany.

아우크스부르크 모델을 바탕으로 한 비둘기 관리 가이드라인입니다. 비둘기장 종류, 알 바꾸는 방법, 필요 예산 등이 상세히 나와 있습니다.

https://www.berlin.de/lb/tierschutz/tauben/artikel.1334314.php

2023년, 독일 베를린에서 아우크스부르크 모델을 기반으로 비둘기 관리 방안을 수립했습니다. 위 링크에서 관련 내용과 의회 질의, 비둘기의 법적 지위와 국가의 의무를 해석한 보고서 등의 문서를 다운로드할 수 있습니다. 동물복지 관련 예산 삭감으로 사업에 진척은 없지만, 비둘기를 '돌봄의 대상'으로 보는 관점은 유의미합니다.

도시인들을 위한 비둘기 소개서

초판 1쇄 발행 2024년 9월 9일
　　 2쇄 발행 2024년 10월 10일

지은이　　　　조혜민
본문 일러스트　조혜민
디자인　　　　겨·자
교정·교열　　　황순규

펴낸 곳　　　　집우주

등록 | 제 2020-000055호 (2020년 8월 11일)
이메일 | cosmoshome21@gmail.com

ISBN 979-11-974030-2-6 03490

이 책은 숲과나눔의 2024 풀씨 사업의 지원으로 제작되었습니다.